如何办个赚钱的
獭兔家庭养殖场

◎刘汉中　余志菊　主编

中国农业科学技术出版社

图书在版编目（CIP）数据

如何办个赚钱的獭兔家庭养殖场／刘汉中，余志菊主编.
—北京：中国农业科学技术出版社，2015.1
（如何办个赚钱的特种动物家庭养殖场）
ISBN 978 – 7 – 5116 – 1938 – 9

Ⅰ.①如… Ⅱ.①刘…②余… Ⅲ.①兔 – 饲养管理
Ⅳ.①S829.1

中国版本图书馆 CIP 数据核字（2014）第 283126 号

选题策划	闫庆健
责任编辑	闫庆健 李冠桥
责任校对	贾晓红

出 版 者	中国农业科学技术出版社
	北京市中关村南大街 12 号　邮编：100081
电　　话	（010）82106632（编辑室）　（010）82109702（发行部）
	（010）82109703（读者服务部）
传　　真	（010）82106625
网　　址	http://www.castp.cn
经 销 者	各地新华书店
印 刷 者	北京华忠兴业印刷有限公司
开　　本	850mm ×1 168mm　1/32
印　　张	7.125
字　　数	152 千字
版　　次	2015 年 1 月第 1 版　2015 年 1 月第 1 次印刷
定　　价	25.00 元

《如何办个赚钱的獭兔家庭养殖场》
编写委员会

主　编：刘汉中　余志菊

副主编：文　斌　傅祥超　白　婷　简文素

　　　　刘　宁　汪　平　张　凯

编　委：(按姓氏笔画排序)

　　　　王　卫　王丽焕　文　斌　白　婷

　　　　刘汉中　刘　宁　杜　丹　杨　皓

　　　　何贵明　余志菊　汪　平　张　凯

　　　　张佳敏　陈　琴　范成强　傅祥超

　　　　童　琪　简文素

前　言

　　獭兔是以取皮为主、皮肉兼用的草食小家畜。近年来，獭兔养殖业发展迅猛，规模养殖比例越来越大，涌现了一批养殖小区、专业合作社、规模养殖场等多种生产组织形式，但獭兔家庭养殖场仍是遍布我国不同区域养殖獭兔的主要生产形式。由于各个家庭养兔基础、场地、劳动力、资金实力、文化素质、经营管理水平等千差万别，有的不断壮大，走向规模化养殖、标准化生产、产业化经营；有的因各方面因素，经营不善，导致养殖亏损、甚至倒闭。本书紧扣如何办好獭兔家庭养殖场的各环节，围绕獭兔市场前景、品种特征特性、家庭养殖场的筹建、繁殖操作技术、饲养实用技术、常见病诊治与预防、兔产品的加工、效益与典型案例分析等方面，进行了介绍，内容上注重实效。编著者希望本书能够给从事獭兔家庭养殖和打算从事家庭养殖的同行提供一些帮助。

　　本书在编写过程中，参考了国内外大量文献资料和最新研究成果，同时采纳了编著者承担的国家公益性行业专项"家兔高效饲养技术研究与示范"（3-52）、国家兔产业技术体系"獭兔育种岗位"（CARS-44-A-4）、国家重大星火计划"优质家兔现代产业链关键技术研究集成与产业化示范"、"四川省家兔产业链"（2012NZ0005）和四川省"十二五"家兔育种攻关计划"獭兔新品种培育与配套技术研究"（2011NZ0099-4）等最新研究成果。在编写过程中，力求做到通俗易懂，操作性强，内容广泛，是一本可读性强、技术先进、实用和可操作性强的科普读物。本书主要以四川为实例，其他区域的读者在阅读本书时，应灵活运用，在用药方面应严格按照厂家提供的产品使用说明和国家有关规定执行。本书适用于各种类型家庭养殖场、獭兔产品加工营销企业，也可供高校、科研单位参考。

　　本书的编著人员是一批长期从事獭兔育种、繁殖、饲料营养、饲养管理、疫病防控、兔舍设计、产品加工等方面的高中级科技人员和一线兔场经营管理人员，不仅有深厚的专业基础，还有丰富的兔场管理和实践经验。由于时间仓促和作者水平有限，书中难免存在许多不足和错误，欢迎广大读者提出宝贵意见。

编　者

2014 年 10 月于四川省草原科学研究院

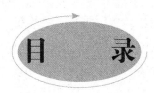

目　　录

第一章 獭兔的应用价值及市场前景

第一节 獭兔的价值

一、獭兔皮的价值

兔皮分为毛皮和革皮两种，多以毛皮为主，大量用作制裘，其次为革皮，残次皮多用于制革。毛皮是保存毛被加工鞣制成的产品，可制成各种衣着用品，其中白色兔毛皮经过染色加工后，可模拟各种高级兽皮，制成的衣物尤其美观；随染色技术的提高，在兔皮染色过程中，其他杂色皮也可先褪色成浅淡色后再行染色。革皮是除去毛被后经过鞣制而成的产品。家兔皮板柔韧，鞣制成革皮后可代替鹿皮擦拭机件，也可作女士和童式鞋的绒面革、手风琴革、书面皮、领带、裙帽等制品。

兔皮是一种复杂的生物组织，其毛皮制品的制作工艺、产品质量、性能都与原料皮的结构特征密切相关。原料皮由皮板和毛被两部分组成，优质原料皮毛密绒足、板质好、不掉毛。家兔毛皮主要源于獭兔，人们追求獭兔被毛的"短、平、密"，归根到底，毛皮要求毛皮并重，毛是关键，皮是基础。

兔皮是一种御寒佳品，它质地柔软，被毛浓密，染色美观大方，价格便宜，在国际市场上很受欢迎；虽然我国是服装出口大国，但是缺少知名的高档服装品牌，因而主要用于中高档服装上的优质鞣制未缝兔皮只能以初级加工品的形式被出口到几个主要欧洲国家。

■二、獭兔肉的价值

民谚云："飞禽莫如鸪，走兽莫如兔。"兔肉营养丰富，备受人们青睐。在国外，兔肉被誉为"益智肉"、"保健肉"、"美容肉"。兔肉的营养特性可概括为"三高三低"，"三高"即高蛋白质、高赖氨酸和高消化率；"三低"即低脂肪、低胆固醇和低热量。

兔肉中的脂肪含量比猪、牛、羊、鸡肉的脂肪含量分别低 19.13%、10.38%、7.98%和 0.2%。兔肉中的胆固醇含量比猪、羊肉的胆固醇含量分别低 60%和 40%，与牛肉、鸡肉相当。兔肉中的能量比猪、牛、羊、鸡肉分别低 0.37 兆焦/100 克、0.37 兆焦/100 克、0.40 兆焦/100 克和 0.27 兆焦/100 克。

兔肉中卵磷脂含量较多，有较强的抑制血小板凝聚的作用，可阻止血栓形成，保护血管壁，从而起到预防动脉硬化的作用。因此，兔肉对于老年人、动脉粥样硬化病人、冠心病人等都是一种比较好的肉食。

兔肉含有比其他肉类都高的磷元素（222～234 毫克/100

克）、钾元素（428～431 毫克／100 克）和比其他肉类都低的钠元素（37～47 毫克／100 克）；铁元素（1.1～1.3 毫克／100克）低于猪肉、牛肉，高于鸡肉；硒元素（9.3～15 微克／100 克）与鸡肉相当，低于牛肉，高于猪肉。兔肉富含磷元素，高铜高锰，含有比其他肉类少的锌、铁。高钾低钠，这就形成了兔肉最显著的特征，非常适合高血压患者食用。

第二节　獭兔的生产现状

一、国外生产现状

由于客观的历史原因，西欧一些养兔国家，特别是法国、意大利、西班牙等国，一直注重兔业的产业化实践，传统的市场经济氛围也为当地的兔业产业化创造了必要的条件，促进了产业化的发展。目前来看，这些发达养兔国家可以说基本实现了产业化经营。

二、国内生产现状

经过多年的发展，我国的家兔产业化已经逐渐起步。大家都认识到要想发展兔业，必须走产业化的发展道路，以往的零星、分散、以副业为主的养殖模式很难实现兔业的健康稳定发展，也难以保证兔业的产业地位，更谈不上提高其竞争力。正是由于认识到产业化发展的必要，国内许多地区都按照当地的资源及基础条件以及比较优势，开展了不同程度的家兔产业化模式实践与探讨，并取得一定的成果，形成了各自的特色。

第三节　獭兔的发展趋势

一、獭兔育种更趋有色、高效和优质

1924年智利的卡司托·力克斯兔种兔首次在巴黎国际家兔博览会上展出，轰动养兔界。随后海狸力克斯兔传到世界各地，并在法国、美国、德国等发达国家先后培育出海狸色、青紫蓝色、巧克力色、天蓝色、蛋白石色、白色、黑色、红色、黄色、灰色、加利福尼亚兔色（八点黑）、淡紫色、紫貂色、海豹色、三色花斑、黑色花斑、哈瓦拉兔色（被毛表层深褐色、底层蓝色）、奶油色、水獭色、烟珍珠色等20多种色型的力克斯兔。

彩色獭兔皮毛不需染色，不经高温上色工序，所以它的毛质非常柔软、滑爽，有光泽度，毛也感觉浓密、厚实，而且绿色环保。随着人们审美观念的转变和环保意识的增强，越来越多的人喜欢上了用纯天然的彩色獭兔皮加工的衣服。加工毛皮衣服、围巾等需要大量的彩色獭兔皮做原料，而彩色獭兔以其较好的毛质、环保的特性、较高的经济收益也成为兔业养殖的一个“新宠”，一些养殖户开始扩大规模引种彩色獭兔进行养殖。

从国际、国内市场来看，近几年对优质獭兔皮的需求量一直呈上升趋势，特别是对彩色獭兔皮的需求日趋旺盛。欧美加工的毛皮中兔皮占60%以上，而彩色獭兔皮又占兔皮的

50%以上。从目前我国獭兔养殖业的状况看，由于十几年的发展，獭兔产业化的生产格局已基本形成，并具有了稳定的饲养品种和饲养规模。在此基础上，选育优良的彩色獭兔品种、进行繁育推广，提高彩色獭兔的饲养比重，必将产生巨大的经济效益和社会效益，推动獭兔产业的持续发展。

目前在生产中过分偏重白色力克斯兔的推广应用，不利于其他色型品系遗传资源的保护与开发利用，并与市场需求日渐多样化的发展趋势不相适应。今后应根据市场需求，进一步加强本品种选育，着重提高国内力克斯兔裘用性能及种群整齐度，科学开展品系间杂交，以增强对不同饲养条件的适应性，提高繁殖成活率，进而提高獭兔养殖的总体经济效益。

种兔是实现产业化的源头，种兔的质量和獭兔育种业的健康发展是保障家兔产业化的先决条件之一。因此，要实现我国的獭兔产业化，必须重视獭兔育种和良种繁育体系的建设，我国引进的力克斯兔来源较广，引入时间不同，加上同批引种的数量较大，导致其种质质量及生产性能在种群或个体间的差异较大。

二、养殖模式的多元化

现代畜牧业建设是一个系统工程，它涉及畜牧业基础设施更新、生产组织方式转变、经营主体素质提升、管理方式改进等多个方面，以及政府、畜牧企业、农牧民等多个主体层次，受资源、资本、劳动力和技术等因素的影响。世界各国由于自然经济条件差异较大，在畜牧业现代化过程中逐步形成了不同模式和道路。我国各地畜牧业生产条件和发展水平有很大差异，现代畜牧业发展模式和实现形式也必须根据不同地域采取不同的形式。

我国的兔业养殖模式有三种。其规模化程度从低到高依次是：庭院式养殖（也称适度规模养殖、农户养殖），这是畜牧业规模化生产的初级阶段；规模化养殖（也称集约化养殖、标准化养殖等），这是畜牧业规模化养殖的过渡阶段；工厂化养殖（即全进全出循环繁育模式），也是畜牧业发展的高级阶段和发展方向。

第四节　獭兔的市场前景

一、獭兔皮的市场前景

裘皮素有软黄金之称，当今裘皮产品的御寒性能已经逐渐被淡化，因而其时尚性、装饰性成为裘皮产品的主要功能。随着毛皮更多地作为服饰产品、而成为一类时尚，毛皮的染色就显得尤为重要。

现在皮革工艺主要集中在獭兔皮经鞣制加工的基础上，进一步开展下游产品开发，提高獭兔皮的附加值。目前市场上流行的毛皮花色主要有单一色、草上霜、一毛双色、印花、渐变色、梦幻效应、仿青紫蓝等。

在最近几届中国国际裘皮革皮制品交易会和上海皮革博览会上，外国公司展示了以绵羊皮、海豹皮、水貂皮、羔皮等为原料皮的毛革产品，被毛除了有本色、单色、"草上霜"等多种花色外，也有通过机械加工将被毛做成各种立体图案和局部脱毛后构成的立体图案。皮板还更多地做成"双面革"效应，皮板有常见的绒毛和光面外，还有各种涂饰效应，如条绒布、牛仔布、龟裂效应、珠光效应、转移印花等风格皮等多品种发展。獭兔毛革一体产皮集革裘风格于一身，轻薄柔软、保暖，同时也能满足不同层次消费者的需求，作为更新换代产品具有广阔的潜在市场，将会成为今后裘皮发展的主要方向。

二、獭兔肉的市场前景

我国是兔肉产量最多的国家，大部分以冷冻兔和冷鲜兔的形式出口到欧洲，用于深加工的比重小。在欧美国家，兔肉制品种类达上千种，占肉类总量的 40%～50%，甚至高达 70%，其中德国肉制品品种有 1 500 种，法国有 750 种。我国兔肉加工的现状与发达国家相比还有较大的差距。兔肉开发方向：利用兔肉高营养的特性开发功能性食品、利用兔肉营养全面的特性开发婴幼儿食品、开发低温兔肉制品、开发各菜系中地方菜肴工业化产品等。

兔肉的深加工是獭兔产业中最重要，也是提升附加值最重要的一个环节，必须妥善安排合理开发兔肉产品，做到物尽其用。

三、獭兔副产品的市场前景

家兔全身是宝。它不仅能向人类提供肉、皮、毛等畜产品。而且还具有极高的药用价值。《本草纲目》记载，兔肉味甘性凉。补中益气，热气湿痹，止渴健脾；兔血能凉血活血，解胎中热毒；兔骨能够消渴羸瘦，治疗小便失禁；兔脑能够催生滑胎；兔头骨能够治疗头眩头痛；兔肝能够明目等。随着现代生化制药业的发展，人们以家兔脏器为原料，已能提取出各种生化药物，这类药物主要有氨基酸类、多肽蛋白质类、核酸类、多糖类、脂类和细胞生长调节因子等，使用起来具有针对性强、疗效显著、毒副作用小等优点，能较好地发挥替代疗法的作用。目前已广泛应用于临床。

目前，人们对家兔脏器的药用价值认识不够，在对兔产品进行深加工时只注重肉、皮、毛的加工，而忽视了对其内脏药用价值的利用，若运用现代生物化学技术，将其用于生化药物的开发，其经济效益甚为可观。

第二章　獭兔品种的特征与特性

第一节　獭兔品种的特征

獭兔学名力克斯兔，是皮用兔中最优良的品种之一，其皮毛与水獭皮类似，因而又称为獭兔。獭兔的品系主要是根据被毛颜色不同而划分的，经过80多年的选育，美国已育成14个标准色型的品系，英国育成28个品系，德国育成15个品系。据资料介绍，世界上獭兔的标准色型有36个，我国獭兔现有10余种标准色型。獭兔拥有众多的天然毛色可供人们选用，裘皮加工企业和经销商比较喜欢毛色个体差异较小的獭兔皮，目前，销势较好的有白色、青紫蓝色、黑色、银灰色獭兔皮。

一、毛皮特征

獭兔的被毛特征可用短、细、密、平、美、柔、牢7个字来概括。所谓"短"，是它的毛纤维长度短，一般为1.3~2.2厘米；"细"就是毛纤维直径小（14~19微米），绒毛多，枪毛少；"密"，是单位皮肤面积着生的毛纤维根数多（1.8万~3.8万根/平方厘米），手摸被毛感到特别丰满；"平"是绒毛长短均匀一致，出锋整齐，枪毛不超过绒毛表面

1毫米；"美"是指獭兔毛的颜色类型多，色泽自然美观；"柔"是指手摸感觉柔软，光滑而富有弹性；"牢"是毛纤维着生在皮肤上非常牢固，不易脱落。据测定，4.5月龄以上的獭兔皮的抗张强度，撕裂强度和耐磨系数都达到部颁标准，是高档裘皮制品的好原料。

二、体型外貌特征

獭兔外貌分为头、颈、躯干和四肢，全身除鼻尖、公兔的阴囊、腹股沟、眼上方以外，其余全身被毛覆盖。

獭兔属中型兔，成年兔体重一般为3.5~4.5千克，体长46~53厘米。獭兔体型紧凑，结构匀称，肌肉丰满，臀部发达，从臀部到肩部逐渐变细，头小，耳直立呈"V'形，大小中等，厚薄适中；眼大而圆，明亮灵活，须眉触毛弯曲，成年兔颈部有皱褶下垂的肉髯，母兔更明显，腿短，外貌清秀。

三、獭兔各品系特征

●1. 海狸色獭兔●

被毛呈红棕色或黑栗色，背部毛色较深，体侧颜色较浅，腹部为淡蓝色或白色。毛的基部为瓦蓝色，毛干呈深橙或黑褐色，毛尖略带黑色，眼睛为棕色。若被毛呈灰色，毛尖过黑或带白色、胡椒色，前肢有杂色斑纹等均为不合格毛色。海狸力克斯兔是最早育成的色型，遗传性能稳定，抗病力强，易于饲养，皮张品质优良（图2－1）。

图2－1　海狸色獭兔

●2. 白色獭兔●

　　全身被毛为纯白色，眼睛粉红色。毛被发黄或间有杂色毛，皆为不合格。白色獭兔抗病力不如有色兔。白色獭兔皮可经过加工染色，生产多种天然色型以外的彩色獭兔裘皮（图2－2）。

图2－2　白色獭兔

●3. 黑色獭兔●

　　全身被毛乌黑发亮，毛基部色较浅，毛尖部较深；眼睛黑褐色。如果被毛退化为灰褐色或铁锈色均为缺陷毛色，夹有白斑或异色毛，应为不合格（图2-3）。

图2-3　黑色獭兔

●4. 青紫蓝色獭兔●

全身被毛基部为瓦蓝色，中段为珍珠灰色，毛尖部为黑色。背部毛色较深，颈部毛色略浅于体侧部，腹部毛色呈浅蓝或白色，眼睛呈棕色、蓝色或灰色。毛色中出现锈色、黄色、白色或四肢带斑者均为缺陷，呈泥土色为不合格（图2-4）。

图2-4　青紫蓝色獭兔

●5. 加利福尼亚獭兔●

毛被色泽与獭兔加利福尼亚兔一样，除鼻端、两耳、四脚趾及尾部为黑色或灰褐以外，其余部位均为白色，亦称"八点黑"獭兔，眼睛粉红色。八个端点出现其他颜色或底毛杂有异色毛者为不合格（图2-5）。

图2-5 加利福尼亚獭兔

●6. 红色獭兔●

全身被毛深红色，无污点，一般背部颜色略深于体侧部，腹部毛色较浅，最为理想的被毛为暗红色，眼睛呈暗褐色或棕色。腹部毛色过浅、变白，出现斑块或其他变色均为不合格毛色（图2-6）。

图2-6 红色獭兔

●7. 蓝色獭兔●

全身被毛为纯蓝色，从毛尖到毛基部色泽纯正，眼睛为蓝色或瓦灰色。被毛带霜色和杂色毛为不合格。

●8. 巧克力色獭兔●

又称哈瓦那色獭兔。全身被毛呈棕褐色、毛纤维基部多为珍珠灰色,毛尖部呈深褐色,眼睛为棕褐色或肝脏色。被毛带锈色、白色或白斑为不合格。此色型遗传不太稳定,应注意种兔的选留和培育(图2-7)。

图2-7 巧克力色獭兔

●9. 银灰色獭兔●

又名真灰鼠力克斯兔,全身被毛为烟灰色(蓝至深蓝色),绒毛呈灰蓝色,毛尖变黑或白为不合格。该兔体型较大,易于饲养。

●10. 紫貂色獭兔●

全身被毛为黑褐色,腹部、四肢呈栗褐色,颈、耳等部位呈深褐色或黑褐色,胸部与体侧毛色相似,多呈紫褐色。眼为深褐色,在暗处可见红宝石色的闪光。被毛出现其他颜色为不合格。

● 11. 海豹色獭兔 ●

全身被毛呈深褐色、乌贼色，颜色介于黑色獭兔与紫貂色獭兔之间，腹部毛色较浅，略呈灰白色，眼睛为棕黑或暗黑色。被毛呈锈色或带杂色者为不合格。

● 12. 猞猁色獭兔 ●

全身被毛色泽与山猫颜色相似，毛基部为白色，中段为金黄色，毛尖部略带淡紫色，毛绒柔软带有银灰色光泽。毛尖或底毛发蓝，毛尖紫色太深遮盖了金黄色为不合格。

● 13. 紫丁香色獭兔 ●

被毛呈粉红色或灰鸽色（淡紫色），眼睛红宝石色。毛色带蓝或褐色为缺陷，带白斑为不合格。紫丁香色獭兔育成时间较短，在国内数量不多。

● 14. 宝石花色獭兔 ●

被毛颜色可分为两类：一类全身被毛以白色为主，杂有一种其他不同颜色的斑点。最典型的标志是有一条较宽的有色背线、有嘴环、有色眼圈和体侧有对称的斑点，颜色有黑色、蓝色、海狸色、紫貂色、巧克力色、猞猁色等。另一类是全身被毛以白色为主，同时杂有两种其他不同颜色的斑点，颜色有深黑色和橘黄色、紫蓝色和淡金黄色、巧克力和橘黄色、浅灰色和淡黄色 4 种。花斑主要分布于背部、体侧和臀部。此类獭兔的眼睛颜色与花斑色泽一致。

宝石花色獭兔又叫花色獭兔、花斑獭兔或碎花獭兔，其花斑表现具有一定的典型图案，越对称越好。花斑面积一般占全身面积的 10%～50%。花斑面积低于全身面积的 10% 或高于50%或有色部位出现其他杂色斑点为缺陷（图2-8）。

图2-8　宝石花色獭兔

●15. 四川白獭兔●

　　四川白獭兔由四川省草原科学研究院培育。全身被毛白色，丰厚，色泽光亮，无旋毛；眼睛呈粉红色；体型匀称、结实，肌肉丰满，臀部发达；头型中等，母兔头较小，公兔头较大，双耳直立。成年体重3 600克左右，体长和胸围分别为46.5和31厘米左右，属于中型兔。

第二节　獭兔的生活习性

　　獭兔的生活习性如下。

　　①夜行性。

　　②胆小怕惊。

　　③喜干怕湿。

　　④群居性差、穴居性强。

　　⑤草食性和选择性。

　　⑥耐寒冷、忌高温。

　　⑦听觉敏锐、嗅觉敏感。

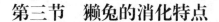

第三节　獭兔的消化特点

獭兔是单胃草食小家畜，具有特殊的消化道构造、发达的肠胃、特异的食粪行为。能有效利用粗纤维饲料和粗饲料中的蛋白质，还具有耐高钙日粮等特点。

一、消化系统

獭兔的消化系统包括消化道和消化腺两部分。

二、消化特点

当饲料进入口腔，经咀嚼，在唾液、胃酸和胃蛋白酶的消化分解作用下进入吸收。不能吸收的部分在胃蠕动过程中、继续往下行，进入肠部。饲料下行速度与獭兔年龄大小和粗纤维含量的高低有关，粗纤维含量越高，通过速度就越快。年幼的獭兔比成年的快。

小肠是食糜在此被消化液分解成简单的小分子营养物质，进入血液被机体吸收。饲料经小肠后到达盲肠，在盲肠这个巨大的"发酵罐"，小肠残渣被微生物重新合成蛋白质和维生素等物质。小肠的主要作用是消化和吸收饲料中的营养物质；大肠的主要作用是分解纤维素，生产"硬粪"和"软粪"。

三、食软粪性

獭兔有采食自己软粪的行为，这是对獭兔有益的正常生理现象。獭兔能排出质地软，呈念珠状粪球串的软粪与表面粗糙、颗粒大的硬粪，软粪占排粪总量的 50%～80%，水分约占 75%，软粪排出至肛门处直接被獭兔吞食。獭兔的食粪行为有 3 大重要意义。

①獭兔通过采食软粪获得大量的微生物菌体蛋白，并获得由微生物合成丰富的 B 族维生素和维生素 K，随着软粪进入体内，再经消化道第 2 次消化，在小肠被吸收。这一行为又叫"反刍"。

②獭兔的食粪行为延长了饲料经过消化道的时间，提高了饲料的消化利用率。

③獭兔食粪行为有利于维持胃、肠道的正常微生物区系。在饲料不足的情况下，还可以减少獭兔的饥饿感。

第四节　獭兔的生长特性

獭兔在生长发育整个过程中分为 3 个阶段，即胎儿期、哺乳期、断奶后期。

一、胎儿期

从母兔妊娠到仔兔出生，这时期即为胎儿期。根据胚胎的发育情况又分为：

胎前期（妊后 1～12 天）、胎期（妊后 13～18 天）和胎儿期（妊后 19～31 天）。据测定獭兔在胚期和胎期生长发育很缓慢，仅为初生体整的 10%左右；在胎儿期增重很快，达出生体重的 90%左右。据实验，胎儿的生长发育不受性别影响,但受胎儿的位置和个数及母兔的营养的影响,一般规律是胎儿个数多,胎儿体重就小,母兔营养不良,胎儿发育缓慢,离卵巢远的胎儿体重轻。因此,在饲养管理过程中,一定要注意妊娠母兔后期的营养,增加蛋白质饲料的供给,以保证胎儿快速生长的需要。

二、哺乳期

仔兔从出生到断奶这段时期称为哺乳期。仔兔出生时全身无毛,双眼紧闭,耳孔未通,无法自由活动。但这一阶段的仔兔生长发育很快,1周龄仔兔体重比初生时增加一倍左右,5周龄仔兔体重比初生时增加14倍左右,8周龄达成年体重的36%左右。仔兔出生后2～3天长出枪毛,10～12日龄睁眼,12～15日龄绒毛开始长出,18日龄左右开始补饲。哺乳期的仔兔生长速度除受品系因素影响外,还和母兔泌乳力和带仔数多少有关系,母兔泌乳力越高,同窝仔兔只数少,生长速度就快,反之则慢。

三、断奶后期

獭兔断奶后期(35～91日龄)生长快,根据测定平均日增重在30克左右,91日龄生长发育逐步变慢,91～161日龄日增重在17克左右。210日龄后獭兔的相对生长发育趋于停滞。

第五节　獭兔的繁殖特性

獭兔与其他家畜相比母兔具有繁殖力强、双子宫、刺激性排卵、公兔不育和母兔假妊等特性。

一、繁殖力强

獭兔繁殖力强不仅表现为胎产仔多，妊娠期短（平均31天），而且表现为全年可繁，在营养保证的情况下，还能配血窝。一般是母兔产后12~21天配种。据测定，1只能繁母兔一年可产5~7胎，每胎产仔6~8只，最高可产16只。

二、母兔双子宫

獭兔属于双子宫动物，两个子宫同时开口于阴道，子宫体很短，无明确的子宫角与子宫体之分。两子宫颈口有间膜隔开，不会出现受精卵从一个子宫向另一个子宫转移的情况。在生产上偶有重复妊娠的现象发生，即母兔妊娠后，再次接受交配可再妊娠，胎儿分别在两侧子宫内作床，发育，而在不同时间分娩的情况发生。

三、刺激性排卵

獭兔与其他兔子一样属于刺激性排卵动物，母兔在性成熟以后，虽然每隔一定时间要出现发情症状，但并不伴随排出卵子，卵巢中的成熟卵子只有某种刺激（如交配、相互爬跨或注射外源激素）之后才能排出。若无刺激，卵子经过10~16天慢慢被机体吸收。

四、公兔睾丸位置不固定

从胎儿到成年，公兔的睾丸的位置是可变化的。胎儿和初生期睾丸在腹腔内，附于腹壁。随着年龄的增加，睾丸的位置发生变化，2 月龄左右下降到腹股沟管内，表面未形成阴囊。3 月龄的公兔已有明显的阴囊。3.5 月龄时睾丸已降入阴囊内。腹股沟管短而宽，并终生不会封闭，因此成年公兔的睾丸可以自由进入腹腔。在选种时，要注意这一特性，不要把睾丸缩回腹腔误认为隐睾。

五、公兔不育

獭兔对外界环境温度极为敏感，当外界温度高于 32℃ 时或长期低于 5℃ 时，性欲下降，射精量减少，死精和畸形精子增加，密度降低。因此引起配种困难，繁殖力下降，这一现象称为公兔不育。

六、母兔假妊

在母兔排卵后没有受精的情况下，有时会出现假妊现象，具体表现为母兔不发情，拒绝配种，到假妊后期，母兔有分娩症状（拉毛作窝），乳腺发育并分泌乳汁。发生母兔假妊原因主要是母兔的互相爬跨，公兔的无效配种。獭兔是刺激性排卵动物，只要母兔在发情时受到刺激就会排卵，卵子排出后，由于黄体的存在，继续分泌孕酮，乳腺被激活，子宫增大。经过 16 天左右，由于没有胎盘，黄体逐渐退化，停止分泌孕酮，假孕结束。

七、獭兔早、晚性活动活跃

獭兔的性活动有一定的规律性，日出前、后 1 小时，日落前 2 小时和日落后 1 小时，獭兔的性活动最强烈，这时配种效果最好。

第六节　獭兔被毛生长发育规律

一、被毛的生长周期

獭兔从出生到 7 月龄左右，被毛发育经历了 3×3 个阶段（3 个阶段，3 个时期），即被毛发育经历 3 个时期（即 I、II、III 期），每个时期里又分 3 个阶段（即分化、生长、休止阶段）；首次准确细分了獭兔被毛的生长发育周期及周期之间的动态变化规律（表 2-1）。

表 2-1　獭兔被毛的生长周期

发育阶段	I 期			II 期			III 期		
	分化	生长	休止	分化	生长	休止	分化	生长	休止
日龄	1~8	9~35	35~40	35~40	41~65	66~100	85~100	101~150	151~190（换毛2次/年）/151~390（换毛1次/年）
周期	8±1	26±2	5±3	5±3	24±6	34±20	15±3	50±9	40±7/240±60
备注					I 期脱落				

二、被毛生长特点

生长Ⅰ期表现为被毛的完全同步化，在身体的各部位同时长出被毛，无区域上的延迟差异；生长Ⅱ期的被毛表现为不完全同步化，以小斑块的形式从体表各部位长出，斑块之间的空隙很快长满被毛，达到近同步生长，所以1~2月龄獭兔被毛较乱；生长Ⅲ期被毛生长直接转变为波浪形推进，从身体的几个主要起始部位开始，然后向四周蔓延，最后各区块融合（图2-9）。

生长Ⅰ期　　　　　生长Ⅱ期　　　　　生长Ⅲ期

图2-9　生长期

三、被毛长度、细度变化

獭兔的被毛在不同生长期末，自然长度和细度均不一致，而且新生的被毛在密度和长度上都大于上一期，尤其是在生长Ⅲ期末，其长度大于生长Ⅱ期末4~5毫米（表2-2）。

表2-2　獭兔被毛不同生长时期细度、长度变化表

项　目	生长Ⅰ期末	生长Ⅱ期末	生长Ⅲ期末
时间阶段	11~35日龄	36~80日龄	81~成年
细度（微米）	12.9±1.2	14.3±1.1	16.8±1.3
长度/厘米	1.52±0.8	1.68±0.7	2.06±1.2

四、换毛规律

换毛次数：獭兔从出生到 190 日龄左右，獭兔共完成了两次被毛脱落，第一次为休止Ⅱ期内，Ⅰ期的被毛脱落，第二次为休止Ⅲ期内，完成Ⅱ期的被毛脱落（图 2 – 10）。

图 2 – 10　换毛

在生长Ⅲ期内，獭兔的换毛主要在胸腹区、尾臀区和背区三个独立的区域进行。换毛起始顺序为胸腹区→尾臀区→背区，而结束顺序为尾臀区→胸腹区→背区。整个过程需 20 天左右。

五、被毛密度变化

獭兔随着年龄增大，囊群的密度在总体上下降，当达到 6 月龄以后，单位面积囊群个数趋于一个固定值；从出生到成年毛密度的变化表现为两个明显的阶段，即平台期和波形变动期，平台期是 1 月龄到 3 月龄，毛密度为 9 000 根/平方厘米左右，波形期是 4 月龄以后，毛密度处在 1.5 万 ~ 2.2 万根/平方厘米的范围内波动。

六、影响獭兔换毛的因素

换毛受到多种因素的制约，目前为止还不完全清楚其作用机制与调控过程，但经过多年的研究和观察，发现以下几种因素对家兔的换毛产生重大影响。

①遗传。

②光照。

③营养水平。

④气候条件。

⑤年龄。

⑥健康状况。

第三章　**獭兔家庭养殖场的筹建**

獭兔场的规划应严格按照獭兔的生理特点和生活习性，合理安排，周密布局，精心设计，使之有利提高养兔的经济效益。兔场场址的选择与建设标准应按照设计要求，对地形、地势、土质、水源、居民点的位置、交通、电力等因素进行全面考虑。它应在考虑满足生产、节约使用土地、长远发展的前提下，合理确定建设面积等。

第一节　筹建规模的选择

筹建规模大小应根据家庭养殖规模和经营方式来决定。如采用"大户 + 基地 + 农户"的发展模式，种兔养殖规模较大，有的超过 1 000 只基础母兔，一般家庭养殖以 200 只基础母兔规模为宜，甚至还有 50 只基础母兔以下的小规模养殖场。

一、场地条件

首先必须符合国土资源部、农业部《关于促进规模化畜禽养殖用地政策的通知》《中华人民共和国土地承包法》及《中华人民共和国土地使用法》对养殖土地使用的相关规定。与土地流转对象签订相关合同或协议，符合地方建设规划，具有国土建设用地相关手续。

● 1. 大型家庭养殖场 ●

一般养殖基础种兔 1 000～3 000 只，主要由养殖所需的良种生产、商品生产和示范基地（合作社）及附属加工区等组成，有的还配备了屠宰车间。以 1 000 只基础母兔规模养殖场为例，对场地要求如下。

（1）办公生活区　包括办公室、门卫室、兽医诊断室、职工宿舍、食堂等，建筑面积大约 300 平方米。

（2）种兔场　需建标准兔笼 7 000 个，兔舍建筑面积 3 670 平方米，贮粪棚、沼气池面积 100 平方米。

（3）饲料车间　年产 500 吨全价颗粒饲料车间，包括原料库、加工房、成品库面积 150 平方米。

（4）屠宰车间　配置简单的屠宰加工设备和冻库，面积 60～80 平方米。

● 2. 中型家庭养殖场 ●

一般养殖基础种兔 200～500 只，以饲养 200 只基础母兔为例，需建造兔舍 800 平方米，修建标准笼位 1 200 个，生活住房、饲料药品贮放间等 100 平方米。

● 3. 小型家庭养殖场 ●

一般养殖基础种兔 50～100 只，以养殖 50 只基础母兔为例，需建造兔舍 200 平方米，修建标准笼位 400 个。

二、经济条件

● 1. 大型家庭养殖场（以饲养基础母兔1 000只投资为例）●

购种兔	20万元
兔舍	110万元
兔笼	42万元
办公及生活住房	30万元
沼气池及污物处理	6万元
投入合计：	208万元

● 2. 中型家庭养殖场（以饲养基础母兔200只投资为例）●

购种兔	4万元
兔舍	24万元
兔笼	7.2万元
办公及生活住房	9万元
沼气池及污物处理	3万元
投入合计约：	47.2万元

● 3. 小型家庭养殖场（以饲养基础母兔50只投资为例）●

购种兔	1.2万元
兔舍	6万元
兔笼	2.4万元
沼气池及污物处理	1万元

投入合计约：　　　　　　　　　10.6 万元

三、人员条件

人员配置少而精，尽可能降低用人成本。按 200 只母兔配备 1 名饲养员，管理人员应全面熟悉兔场日常饲养管理流程和技术要领，能指导饲养人员开展工作，如规模较大还需配备 1~2 名专业技术人员，应聘请技术专家到场技术指导和把饲养人员送到专业机构和大型养兔场进行技术培训。

● 1. 大型家庭养殖场 ●

以饲养 1 000 只基础母兔为例，需配置人员 8 名，技术管理人员 3 名，其中：场长 1 名，专业技术人员 1 名，门卫 1 名，饲养人员 5 名。

● 2. 中型家庭养殖场 ●

以饲养 200 只基础母兔为例，需安排 1 名家庭人员专门负责养殖，不需聘请人员，其他家庭成员辅助开展一些工作，如打扫卫生、开展防疫、购置饲料等工作。

● 3. 小型家庭养殖场 ●

以饲养 50 只基础母兔为例，不需安排家庭专人负责，根据家庭成员特点，相对固定一名成员负责技术，其他家庭成员分工负责，就能够胜任。

第二节　场址的选择

兔场场址的选择，既要考虑家兔的生物学特性，又要考虑建场地点的自然条件和社会条件。

一、地势

兔场应选在地势高、有适当坡度、背风向阳、地下水位低、排水良好的地方。场址的地下水位应在 2 米以上。地势过低容易造成潮湿环境，地势过高则容易造成过冷环境，均有损长毛兔健康。低洼潮湿、排水不良的场地不利于家兔体热调节，而有利于病原微生物的生长繁殖，特别是适合寄生虫（如螨虫、球虫等）的生存。为便于排水，兔场地面要平坦或稍有坡度（以 1%～3% 为宜）。

二、地形

地形要开阔、整齐、紧凑，不宜过于狭长或边角过多，以便缩短道路和管线长度，提高场地的有效利用率，节约资金和便于管理。可利用天然地形、地理（如林带、山岭、河川等）作为天然屏障和场界。

三、土质

理想的土质为沙壤土，其兼具沙土和黏土的优点，透气透水性好，雨后不会泥泞，易于保持适当的干燥。其导热性差，土壤温度稳定，既利于兔子的健康，又利于兔舍的建造和延长使用寿命。

四、水源

理想的兔场场址，应水源充足，水质良好，符合饮用水标准。家兔平均每兔每天用水量为 0.25～0.35 升。水源以自来水、泉水比较理想，其次是井水、流动江水，禁用死塘水和被工业及生活污水污染的江、河、湖水。总的要求是，水量足，不含过多的杂质、细菌和寄生虫，不含腐败有毒物质，矿物质含量不应过多或不足，还要便于保护和取用。最理想的水为地下水。

五、交通

兔场场址应选择在环境安静、交通方便的地方，距离村镇不少于 500 米，离交通干线 300 米以上，距一般道路 100 米以外。大型兔场建成投产后，物流量比较大，如草料等物资的运进，兔产品和粪肥的运出等，对外联系也比一般兔场多，若交通不便则会给生产经营带来不便，并增加费用开支。因此大型家庭养殖一定要选择交通便利的地方建场。

六、兔场朝向

兔场朝向应以日照和当地的主导风向为依据，使兔舍长轴对准夏季主导风。我国大部分地区夏季盛行东南风，冬季多东北风或西北风。所以，兔舍朝向以南向较为适宜，这样冬季可获得较多的日照，夏季则能避免过多的日照。

七、环境

兔场的周围环境主要包括居民区、交通、电力、其他养殖场和生产加工企业等。家兔生产过程中形成的有害气体及排泄物会对大气和地下水产生污染，因此兔场不宜建在人烟密集的繁华地带，而应选择相对隔离的偏僻地方，有天然屏障（如河塘、山坡等）作隔离则更好。大型兔场应处于居民区的下风头，地势低于居民区，但应避开生活污水的排放口。远离造成污染的环境，如化工厂、屠宰场、制革厂、造纸厂、牲口市场等，并处于它们的平行风向或上风头。兔场应远离噪源，如铁路、石场、打靶场、鞭炮厂等。集约化兔场对电力条件有很强的依赖性，应靠近输电线路，有条件的还应自备电源。兔场不应成为周围环境的污染源，同时也不能受到周围环境的污染。

第三节 兔舍建筑形式

兔舍建筑形式分单列式、双列式和多列式3种。

一、设计要求

①兔舍设计要有利于提高劳动生产效率。兔舍既是家兔的生活环境，又是饲养人员对家兔日常管理和操作的工作环境。兔舍设计不合理，一方面会加大饲养人员的劳动强度，另一方面也会影响饲养人员的工作情绪，最终会影响劳动生产效率。因此，兔舍设计与建筑要便于饲养人员的日常管理

和操作。这一点非常重要，举例来说，假如将多层式兔笼设计得过高或层数过多，对饲养人员来说，顶层操作肯定比较困难，既费时间，又给日常观察兔群状况带来不便，势必影响工作效率和质量。

②应符合家兔的生物学特性，有利于温度、湿度、光照、通风换气等的控制，有利于卫生防疫和便于管理。兔舍窗户的采光面积为地面面积的15%，阳光的入射角度不低于25～30度。兔舍门要求结实、保温、防兽害，门的大小以方便饲料车和清粪车的进出为宜。兔舍形式、结构、内部布置必须符合不同类型和不同用途的家兔的饲养管理和卫生防疫要求，也必须与不同的地理条件相适应。

③兔舍的各部分建筑应符合建筑学的一般要求。比如，建筑材料，特别是兔笼材料要坚固耐用，防止被兔啃咬损坏；兔舍内要设置排水系统；排粪沟要有一定坡度，以便在打扫和用水冲时能将粪尿顺利排出舍外，通往蓄粪池，也便于尿液随时排出舍外，降低舍内湿度和有害气体浓度；舍顶下应设天花板，选用隔热性好的材料；地板要坚固致密、平坦防滑、抗机械能力强、耐腐蚀、易清扫、保温防寒；生产中以水泥地面最多，要求地面高出舍外地平面20～30厘米。

④家兔胆小怕惊，抗兽害能力差，怕热，怕潮湿。因此，在建筑上要有相应的防雨、防潮、防暑降温、防兽害及防严寒等措施。

⑤为了防疫和消毒，兔场兔舍入口处应设置消毒池或消毒盆，并且要方便更换消毒液。

二、单列式

室内单列式：兔笼列于兔舍内的北面，笼门朝南，兔笼与南墙之间为工作走道，兔笼与北墙之间为清粪道，南北墙距地面 20 厘米处留对应的通风孔。这种兔舍优点是冬暖夏凉，通风良好，光线充足，缺点是兔舍利用率低。

室外单列式：兔笼正面朝南，兔舍采用砖混结构，为单坡式屋顶，前高后低，屋檐前长后短，屋顶采用水泥预制板或波形石棉瓦，兔笼后壁用砖砌成，并留有出粪口，承粪板为水泥预制板。为了适应露天条件，兔舍地基宜高些，兔舍前后最好要有树木遮阳。

三、双列式

室内双列式：两列兔笼背靠背排列在兔舍中间，两列兔笼之间为清粪沟，靠近南北墙各一条工作走道。南北墙有采光通风窗，接近地面处留有通风孔。这种兔舍，室内温度易于控制，通风透光良好，但朝北的一列兔笼光照、保暖条件较差。由于空间利用率高，饲养密度大，在冬季门窗紧闭时有害气体浓度也较大。

室外双列式：两排兔笼面对面而列，两列兔笼的后壁就是兔舍的两面墙体，两列兔笼之间为工作走道，粪沟在兔舍的两面外侧，屋顶为双坡式（"人"字顶）或钟楼式。兔笼结构与室外单列式兔舍基本相同。与室外单列式兔舍相比，这种兔舍保暖性能较好，饲养人员可在室内操作，但缺少光照。

四、多列式

室外笼舍即在室外修建的兔舍。由于建在室外，通风透光好，干燥卫生，家兔的呼吸道疾病的发病率明显低于室内饲养。但这种兔舍受自然环境影响大，温湿度难以控制。特别是遇到不良气候，管理很不方便。室内封闭式兔舍与室外兔舍建设基本一致，但是有墙面将兔舍与外界环境隔开，前后有窗，通常还增设通风系统、温控系统，是工厂化养殖最为广泛的一种兔舍类型（图3－1）。

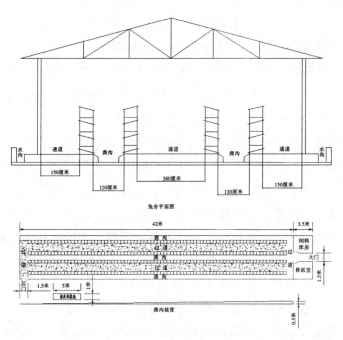

图3－1　室内多列式兔舍

兔舍墙体用砖砌成，内墙刷白色或浅色，屋顶坡度可采用"人"字形屋架，下缘高度不低于 2.5 米，门的宽度 1.2~1.5 米，高度为 2 米。地面有一定的倾斜度，粪沟根据自动清粪系统规格建设，斜度为 1.0%~1.5%。

第四节　兔笼及附属设备

一、兔笼选型与规格

● 1. 兔笼的结构 ●

一个完整的兔笼是由笼体及附属设备组成（图 3 - 2）。笼体由笼门、笼壁、笼底板和承粪板组成。

①笼门应安装于笼前，要求启闭方便，能防兽害、防啃咬。可用竹片、打眼铁皮、镀锌冷拔钢丝等制成。一般以右侧安转轴，向右侧开门为宜。为提高工作效率，草架、食槽、饮水器等均可挂在笼门上，以增加笼内实用面积，减少开门次数。

②笼壁一般用水泥板或砖、石等砌成，也可用竹片或金属网钉成，要求笼壁保持平滑，坚固防啃，以免损伤兔体和钩脱兔毛。如用砖砌或水泥预制件，需预留承粪板和笼底板的搁肩（3 厘米）；如用竹木栅条或金属网条，则以条宽 1.5~3.0 厘米，间距 1.5~2.0 厘米为宜。

③承粪板的功能是承接家兔排出的粪尿，以防污染下面的家兔及笼具。通常承粪板选用石棉瓦、油毡纸、水泥板、玻璃钢、石板等材料制作，要求表面平滑，耐腐蚀，质量轻。

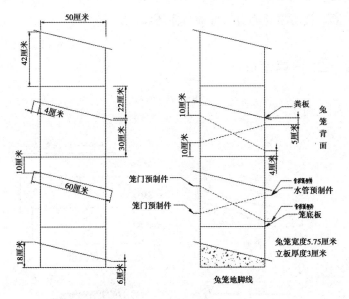

图 3－2　兔笼立板样式及大小

安装承粪板应呈前高后低式倾斜，并且后边要超出下面兔笼
8～15 厘米，以便粪便顺利流出而不污染下面的笼具。

　　（4）笼底网一般用镀锌冷拔钢丝制成，要求平而不滑，
坚而不硬，易清理，耐腐蚀，能够及时排除粪便，宜设计成
活动式，以利清洗、消毒或维修。网孔要求断乳后的幼兔笼
1.0～1.1 厘米，成年兔 1.2～1.3 厘米。

● **2. 笼层高度** ●

　　目前国内常用的多层兔笼，上下笼体完全重叠，层间设
承粪板，一般 2～3 层。该种形式的笼具房舍的利用率高，但
重叠层数不宜过多。兔舍的通风和光照不良，也给管理带来

不便。最底层兔笼的离地高度应在 25 厘米以上，以利通风、防潮，使底层兔亦有较好的生活环境。

二、附属设备

见图 3 - 3。

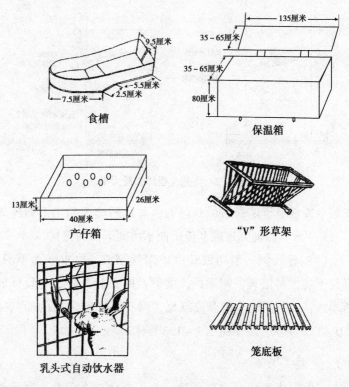

图 3 - 3　兔笼附属设备

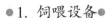

1. 饲喂设备

（1）食槽　兔用食槽有很多种类型，有简易食槽，也有自动食槽。因制作材料的不同，又有竹制食槽、陶制食槽、水泥食槽、铁皮食槽、塑料食槽之分。规模化养兔多用自动食槽。自动食槽容量较大，安置在兔笼前壁上，适合盛放颗粒饲料，从笼外添加饲料，喂料省时省力，饲料不容易被污染，浪费也少。自动食槽用镀锌铁皮制作或用工程塑料模压成型，兼有喂料及贮料的功能，加料一次，够兔只几天采食。食槽由加料口、采食口两部分组成，多悬挂于笼门外侧，笼外加料，笼内采食。食槽底部均匀地分布着小圆孔，以防颗粒饲料中的粉尘被吸入兔只的呼吸道而引起咳嗽和鼻炎。

（2）槽架　为盛放粗饲料、青草和多汁饲料的饲具，是家庭兔场必备的工具。为防止饲草被兔踩踏污染，节省饲草，一般采用槽架喂草。笼养兔的槽架一般固定在兔笼前门上，亦呈"V"形，槽架内侧间隙为4厘米，外侧为2厘米，可用金属丝、木条和竹片制作。

2. 饮水设备

无论规模大小，兔饮水均采用乳头式自动饮水器。饮水器采用不锈钢或铜制作，由外壳、伸出体外的阀杆、装在阀杆上的弹簧和阀杆乳胶管等组成。饮水器与饮水器之间用乳胶管及三通相串联，进水管一端接水箱，另一端则予以封闭。平时阀杆在弹簧的弹力下与密封圈紧密接触，使水不能流出．当兔子口部触动阀杆时，阀杆回缩并推动弹簧，使阀杆与密封圈产生间隙，水通过间隙流出，兔子便可饮到清洁的饮水。

当兔子停止触动阀杆时，阀杆在弹簧的弹力下恢复原状，水停止外流。这种饮水器使用时比较卫生，可节省喂水的工时，但也需要定期清洁饮水器乳头，以防结垢而漏水。

● 3. 产仔箱 ●

产仔箱又称巢箱，供母兔筑巢产仔，也是 3 周龄前仔兔的主要生活场所。通常在母兔接近分娩时放入笼内或挂在笼外。产仔箱有多种，工厂化养殖主要采用以下几种：

（1）悬挂式产箱　产箱悬挂于笼门上，在笼门和产箱的对应处留一个供母兔出入的孔。产箱的上部最好设置一活动的盖，平时关闭，使产箱内部光线暗淡，适应母兔和仔兔的习性。打开上盖，可观察和管理仔兔。由于产箱悬挂于笼外，不占用兔笼的有效面积，不影响母兔的活动，管理也很方便。

（2）平放式产箱　用 1 厘米厚的木板钉制，上口水平，箱底可钻一些小孔，以利排尿、透气。产仔箱不宜做得太高，以便母兔跳进跳出。产仔箱上口四周必须制作光滑，不能有毛刺，以免损伤母兔乳房，导致乳房炎。

（3）月牙状缺口产仔箱　高度要高于平口产仔箱。产仔箱一竖壁上部留一个月牙状的缺口，以供母兔出入。

● 4. 保温柜 ●

用三层板或 1 厘米厚木板制作。长度 135 厘米，高度 80 厘米，宽度可根据舍内过道预留宽度及产仔箱尺寸确定，可采用 35 厘米或 75~80 厘米。

● 5. 喂料车 ●

喂料车用来装料喂兔。一般用角铁制成框架，用镀锌铁皮制成箱体，在框架底部前后安装 4 个车轮，其中前面两个为万向轮。

●6. 运输笼●

运输笼仅作为种兔或商品兔途中运输用，一般不配置草架、食槽、饮水器等。要求制作材料轻，装卸方便，结构紧凑，笼内可分若干小格，以分开放兔，要坚固耐用，透气性好，大小规格一致，可重叠放置，有承粪装置（防止途中尿液外溢），适于各种方法消毒。有竹制运输笼、柳条运输笼、金属运输笼、纤维板运输笼、塑料运输箱等。金属运输笼底部有金属承粪托盘，塑料运输箱是用模具一次压制而成，四周留有透气孔，笼内可放置笼底板，笼底板下面铺垫锯末屑，以吸尿液。

第五节　兔舍建设要求

一、建筑材料选择

屋梁、屋柱可用木、水泥、钢管制成，屋顶可用彩钢、小青瓦等建筑材料，开放式材料可用钢管作为支撑，封闭式兔舍用砖混结构材料，最好采用空心砖，以减轻重量和保温隔热，地面采用水泥硬化。

兔笼的设计应符合家兔的生物学特性，耐啃咬、耐腐蚀；结构合理，易清扫、易消毒、易维修、易更换，大小适中，可保持卫生；管理方便，劳动效率高；选材经济，质轻而坚固耐用。

二、温控系统

兔舍气温对兔的健康和生产力影响最大。对防寒保暖来说，兔舍内温度设计参数应按各地区冬季1月的舍外平均气温计算，一般舍内增加升温设施，达到设计参数要略低于兔群最适温度（13～23℃）的下限，即10℃左右。

隔热防暑：大部分墙体和屋顶都必须采用隔热材料或装置，尤其是屋顶部分，因为这是热交换地主要区域。材料的热阻越大其隔热效能就越强，可根据所用材料的热阻值求出墙壁或屋顶的总热阻值。主动降温方式通常采用安装降温设施如空调或水帘等。

三、通风系统

兔舍通风功能的衡量标准主要体现在3个方面，即气流速度、换气量和有害气体含量。兔舍通风换气量应按夏季最大需要量计算，每千克体重平均为4～5立方米/小时，兔体周围气流速度为1～1.5立方米/秒，有害气体最大允许量：氨为20克/立方米，硫化氢为10克/立方米，二氧化碳为0.15%。兔舍的通风换气有着较复杂的形式和设计。按引起气流运动的动力不同可分为自然通风和机械通风两种。

四、采光系统

窗户按采光系数1∶10计算，可做成宽×高＝1.5米×

1.5 米的玻璃窗,玻璃窗安置离地面 70~75 厘米,光照时间在不同兔群不同,一般光照强度应以 5~10 勒克斯为宜,兔舍面积 4 瓦/平方米的照明即相当于 10 勒克斯的照度。开放式兔舍以自然采光为主,辅以人工照明;封闭式兔舍以人工照明为主,灯的选择与安装比较重要。

五、喂料系统

喂料系统要求自动化程度高,价格相对低廉,对主要兔舍有良好的兼容性,可实际应用年限长,可拆卸、转移和扩展,维护费用极低等特点。

但现在国内还处于起步阶段,仅仅在个别大型养殖企业被采用,而且国内高度自动化生产的企业还较少。

六、饮水系统

乳头式饮水器处水压 $(1.47~2.45) \times 10^4$ 帕,全封闭水线供水,保证饮水清洁,供水主水管为 PVC 管,管径规格由配套饮水器决定,整个供水系统包括饮水器、水质过滤器、减压水箱、输水管道。

七、清粪系统

采用刮粪板这种方式,主要用于四列式兔舍中。机械组成主要有电动机、减速器、刮板、钢丝绳与转向开关等设备。一条粪槽内一般装 1~3 个刮板,减速器的减速比一般为 1:

（40～60），刮板每分钟行走 2～3 米，刮板将兔粪刮到兔舍的一端，每昼夜可刮 2～5 次。

八、动物福利

气温升高超过 30℃ 将空调降温系统打开，饲养兔笼为每个兔一个笼位，在非饲喂期间不到兔舍内走动，以免惊扰其休息与进食，有害气体浓度必须控制在规定范围内，屠宰区与养殖区距离较远，屠宰前将其电击或二氧化碳麻醉后屠宰。

第四章　獭兔高效繁殖技术

第一节　獭兔的选种

良种是有效地提高兔群品质的重要条件。选种的目的就是根据獭兔的育种目的，把符合要求的选留作为种用，不符合要求的加以淘汰或转入商品生产。所以选种是提高兔群生产性能和改良品种的一项有效措施。

一、选种要求

獭兔选种时，应选择体型外貌和毛色符合品系特征，健康无病，被毛品质好，色泽纯正，体形较大，生长发育良好，体质结实，抗病能力强，繁殖力高，遗传性能稳定的獭兔留作种用。坚决淘汰被毛色泽杂乱、粗细长短不均，皮板松弛的个体。

● 1. 体型外貌 ●

外貌是体质的外在表现，可以反映出獭兔的生长发育、健康状况及生产性能。不同的獭兔品系都具有特定的体型外貌，根据外貌选种是最简便的选种方法。通过外貌鉴定，可以初步评定獭兔的品种纯度、健康状况、生长发育和生产性能。獭兔的头型小而偏长，口大嘴尖，眼睛有多种颜色，是不同色型的重要特征之一，如白色獭兔眼呈粉红色，黑色獭兔眼呈黑褐色，蓝色獭兔眼呈蓝色或蓝灰色。耳长中等，颈粗短，颌下有肉髯，肉髯越大则表示皮肤越松弛，其年龄也越大，母兔较公兔明显。獭兔体长中等，腹部较大，背腰弯曲而略呈弓形，臀部宽圆而发达，肌肉丰满。前肢短，后肢长而发达，趾爪有各种颜色，是区分獭兔不同色型的又一依据，如白色獭兔趾爪为白色或玉色，黑色獭兔趾爪为暗色。选种时通常要求母兔头较小，公兔头较大，双耳直立，血管明显，听觉灵敏，一耳或两耳下垂是不健康的表现，或是遗传上的缺陷。要求眼睛大而明亮，眼珠颜色应符合品系要求。体型匀称、结实、肌肉丰满、臀部发达，鉴定时可用手抚摸脊椎骨，以探测体躯是否丰满结实，如果脊椎骨如算盘珠状节节凸出，是营养不良、体质瘦弱的表现。要求四肢强壮有力，肌肉发达，姿势端正，鉴定时除用手摸外，还可观察行走时前肢有无"划水"现象，后肢有无瘫痪症状，如发现可疑者，应严格淘汰。

● 2. 被毛品质 ●

獭兔的被毛色泽因品系而异，无论何种品系均要求被毛浓密、柔软，富有弹性和光泽，色泽纯正，符合"短、平、密、细、柔、美、牢"要求。"短"指毛纤维长度，要求绒毛长度1.3~2.2厘米；"平"指平整度，枪毛突出绒面不超过1.0毫米；"密"就是指密度，指单位皮肤面积内所含毛纤维的数量。测定被毛密度的方法可用手感和肉眼观察进行初步鉴定。手感测定就是用手抓住臀部被毛，如果感觉紧密厚实说明密度大；如果手感空、松、稀、薄，说明密度小。肉眼观察就是用双手轻轻将被毛向左右两侧分开，观察露出的皮肤缝，如果缝隙宽而明显，说明被毛很稀，密度很差；如果露出的皮肤缝隙很不明显，说明密度良好。另外，也可在獭兔的背部或体侧，用嘴向逆毛方向吹开被毛，形成漩涡中心，根据露出的皮肤面积大小进行评定，最好的密度为漩涡中心看不到皮肤或露出的皮肤面积不超过 4 平方毫米；不超过 8 平方毫米为良好；不超过 12 平方毫米为合格。选择时要考虑由于高温和强光对被毛生长和色泽造成的不良影响，最好在冬、春季进行选留种兔。

●3. 体重●

选择早期生长发育快、体重大的个体作种用。因为体重大，其皮张张幅面积大，可利用的面积也大，商品价值就高。

在进行獭兔个体选择时，也要注意其祖先与后代的被毛品质和繁殖性能。

二、选种方法

一般可实行断奶初选，3 月龄中选（大淘汰），初配前精选，成年后终选，完成选种全过程。要求公兔留种率为 5% ~ 20%，母兔留种率为 20% ~ 40%。

●1. 初选●

在仔兔断奶时进行，主要根据断奶体重和窝断奶仔兔数进行选择，选留断奶体重大、同窝中断奶仔兔多的仔兔作为青年兔，因为仔兔的断奶体重对其以后的生长速度影响较大，再结合系谱和同窝同胞在生长发育上的均匀度。

●2. 中选●

当初选仔兔在相同饲养管理条件下达到 3 月龄时，着重测定个体重、断奶至测定时的平均日增重和被毛品质，采用指数选择法进行选择。选育生长发育快、被毛品质好、抗病力强、生殖器官无异常的个体进入后备兔群，将其主要性能指标测定成绩低于平均数的兔（占 40% ~ 50%），转入商品兔群育肥出售。

●3. 精选●

5 ~ 6 月龄初配前进行，鉴定的重点是生产性能和外形。根据体重、体尺、被毛品质以及生殖器官发育情况进行选留，选择合格的后备公母兔转入繁殖种兔群，淘汰发育不良个体。在对体重、体尺、体型外貌、被毛品质进行重复评定的基础上，公兔要进行性欲和精液品质检查，体型小、性欲差的公兔不能留做种用。母兔要求外生殖器健康无病、乳头 4 对以上、发情正常。对选留种兔安排配种。

●4. 终选●

1 岁左右时进行。主要鉴定母兔的繁殖性能，淘汰屡配不孕的母兔。对进入配种繁殖的青年公母兔，可根据母兔前三胎受配性、配怀率、产（活）仔数、泌乳力（21 日龄窝重）、仔兔断奶体重、断奶成活率等综合指数进行选择，特别优秀的个体进入核心群，低劣者淘汰出种兔群。

三、种公兔的选择

俗话说"公兔好，好一坡，母兔好，好一窝"。而1只公兔1年可繁殖后代数百只甚至上千只。因此，选留种公兔极为重要。选择种公兔，首先要求体型外貌符合品种（系）特征，符合生产方向；必须健康，生长发育良好，体质强壮，性情活泼，睾丸发育良好、匀称，性欲强（可用母兔试情），有条件的场、户，配种前进行精液品质检查。生长受阻，生殖器官畸形（单睾、隐睾、小睾），阴茎或包皮有结痂、糜烂者，行动迟钝、性欲不强者，有遗传疾病如侏儒兔、牛眼、震颤、裸体、缺毛、四肢缺陷（划水脚或"八"字脚）等不能选作种用。

四、种母兔的选择

种母兔与种公兔一样，要求体形外貌符合品种（系）特征，健康无病（包括无遗传性疾病），外生殖器干净无炎症等。选择种母兔要求奶头数在8个以上，发育匀称、饱满，无瞎奶头，腹部柔软、无包块。对种母兔的终选，应在初配以后，重点考查其繁殖性能和母性。凡在12月份至翌年6月份之间的冬春季节里，连续7次拒绝交配或交配后连续空怀2~3次者，不宜留作种用；连续4胎产活仔数均低于4只的母兔，或泌乳力不高、母性不好的，甚至有食仔癖的母兔不能留作种用。应选择受胎率高、产仔数多、泌乳力高（21天窝重大）、仔兔成活率高、断奶体重大以及母性好的母兔留作种用。

五、后备兔的选留

后备兔可以从外场引进，也可以进行自群选留。

● 1. 引进 ●

引种时要综合考虑疫病、品种、体型外貌、群体质量、自身实力和需求。首先要明确引进的品种必须是通过国家（省）畜禽遗传资源委员会审定或者鉴定的品种、配套系，引进的种兔必须是纯种或配套系的父母代杂种。个体选择上，最好选择4.5～6月龄的青年兔，或者个体体重至少在2.5千克以上。引种时要加强系谱及相关资料的审查，确保父母代及同胞的生产性能优良。

● 2. 自群选留 ●

规模较大的兔场，一般都是自留后备兔，既经济实惠，又没有引入疾病的风险，经验丰富的饲养者还能培育出更为优秀的群体。在实际选留过程中，应综合考虑父母、同胞和个体自身的各项生产性能做出选留。

（1）选留方法　当备选个体较小，许多性状尚未表现时，依据父母双亲的生长发育、繁殖性能和体型外貌等进行早期选择。后备兔从产仔数多、泌乳力强、断奶仔数多和断奶窝重高的经产母兔中选留，以选留2～5胎的后代为宜。同胞的性状表现也是选留标准之一，选择同窝仔兔的生产性能好、整齐度高、个体差异小、且同胞中无遗传性疾病的后备兔作种用。

但最重要的是依据自身性状表现的优劣进行选择。后备兔的生产成绩要达到或超过群体平均水平，膘情适中，体型外貌如毛色、头型、耳型等要符合品种（系）特征，体型匀称，后躯丰满，四肢结实有力，无明显的外形和生理缺陷，无门齿过长、四肢缺陷等遗传性疾病。公兔双侧睾丸发育良好、匀称，单睾、隐睾不能留作种用。母兔外阴发育良好，无闭锁、发育不全现象。母兔乳头 4 对以上，发育匀称、饱满，无瞎乳头，腹部柔软、无包块。

（2）选留时期　后备兔一般在断奶、91 日龄、初配前等进行多次选择。

断奶时进行初选，主要以窝选为主，在胎产仔数多、21 日龄窝重大、断奶仔数多、断奶窝重大的窝别中选留体重大、健康活泼的仔兔。淘汰弱小、病残和明显不符合品种（系）特征的个体。此期选留数量尽可能大，以便于给后期留下较大的选择余地。

91 日龄时进行大淘汰，着重测定个体重、被毛品质，结合外形外貌、健康评定以及系谱档案资料，选择健康优秀、符合品种（系）特征的个体进入后备种兔群。

初配前进行后备兔的最后一次选择。淘汰个别性器官发育不良，发情征兆不明显的后备母兔；公兔则要进行性欲及精液品质检测，淘汰性欲低下、精液品质不良的个体。

六、种公兔、种母兔搭配比例

确定公、母兔比例，应根据不同生产类型、不同用途、不同饲养规模而有所不同。在种兔场，能繁公兔、母兔的比例为1：(4~5)，才能保证种兔场自身选种的需要和为其他场户提供种兔时避免近亲交配。在商品生产场户，公、母兔比例以1：(8~10) 为宜，主要是从生产成本和经济效益角度考虑。

第二节　獭兔的配种

一、配种前准备

● 1. 制定配种计划 ●

为防止乱交滥配和近亲繁殖，做到有计划地使用公兔，应对种兔建立系谱档案，然后根据系谱、繁殖力和生产性能，编制出配种计划表，使受配母兔与交配公兔的分配科学、合理，达到合理使用公兔的目的，并做好记录记载。配种计划应根据选育目标和生产目的而制定。

● 2. 种公兔准备 ●

（1）种公兔饲养方式　单笼饲喂，笼底板要结实、光滑，有一定的活动空间。

（2）检查种公兔月龄　初配年龄6~7月龄，体重达到成年种公兔体重的80%为宜。

（3）检查公兔生殖器官　两个睾丸大小匀称，无单睾、隐睾，有条件的可采精液进行精子活力检查。

（4）检查公兔换毛情况　换毛期已过。种公兔在换毛期不宜配种。

（5）检查公兔健康状况　公兔体质健壮，食欲佳，性欲强，无皮肤、生殖器疾病，粪便正常。

（6）种公兔体况　种公兔不宜过肥过瘦，保持中等体况。

● 3. 种母兔的准备 ●

（1）种母兔饲养方式　单笼饲喂，笼底板要结实、光滑。笼内面积要大，能容纳种母兔和产仔箱。

（2）检查种母兔月龄　初配年龄 5~6 月龄，体重达到成年种母兔体重的 80% 为宜。

（3）检查母兔生殖器官　小阴户、子宫内膜炎、卵巢囊肿等生殖系统疾病的母兔不能参与繁殖。

（4）检查母兔换毛情况　换毛期已过。种母兔在换毛期不宜配种。

（5）检查母兔健康状况　母兔体质健壮，食欲佳，无皮肤、生殖器疾病，粪便正常。

（6）种母兔体况　种母兔不宜过肥过瘦，保持中等体况。

● 4. 公母比例 ●

商品獭兔场或专业户以 1：（8~10）为宜；种獭兔场以 1：（4~5）为宜。若采用人工授精可减少公兔的数量，公母比为 1：（40~60）。

● 5. 配种前的饲养 ●

在配种季节到来之前，要逐渐增加蛋白质饲料和矿物质、维生素的喂量。对于过肥的种兔要适当限制高能饲料的喂量，而对于过瘦的种兔应加强饲养，保持种用体况，使种兔具有旺盛的性机能。同时，还应保证青饲料的供给，青饲料含丰富的维生素，对促进种兔的性活动起着重要作用，同时也可控制种兔膘情。青绿饲料不足的养殖场应添加维生素 A、维生素 E 等复合维生素添加剂。

● 6. 配种期的注意事项 ●

（1）补充营养 适当增加精料喂量，或添加适量的蛋白质饲料。不宜喂给过多的低浓度、大体积、多水分的粗饲料和多汁饲料。

（2）配种强度 在配种旺季，不能过度使用公兔，种公兔每天最多配种两次。青年公兔 1 天配种 1 次，连用 2～3 天，休息 1 天；成年公兔 1 天配种 1 次，1 周休息 1 天，或 1 天配种 2 次，连用 2～3 天，休息 1 天。每天配种 2 次时，间隔时间至少应在 4 小时以上。1 个月以上未交配的公兔，应作 2～3 次无效交配后再使用。种兔生产不宜采用双重配种，可采取重复配种，以免血缘混杂。

（3）配种方法 配种时一定要把母兔捉到公兔笼内，切勿把公兔捉到母兔笼内。每天配种 1 次或配种 2 次，上、下午各 1 次或第 2 天上午重复 1 次，配种间隔时间以 8～10 小时为宜。

（4）配种季节 春、秋两季是最佳的配种季节。冬季配种时，上午可将时间推迟到 9～10 点，下午可提前到 5～6 点；夏季配种时，上午可提前到 6～7 点，下午可推迟到 8～9 点。

（5）换毛期不宜配种 公母兔在换毛期需要大量蛋白质形成绒毛，蛋白质供给不足，将影响正常精液品质和胚胎的发育及泌乳，所以换毛期不宜进行繁殖，而且也不易受孕。因此，安排繁殖计划时，应适当避开换毛期。

（6）作好配种记录　配种时，一定要按配种计划进行，不能乱交滥配。记录配种公兔耳号、笼号，与配母兔耳号、笼号及配种时间。有条件的兔场应该建立健全种兔的系谱资料，避免近亲交配而导致的生殖器官畸形和性腺发育不全。

（7）配种禁忌

①身体过肥和过瘦不宜交配。

②患阴道炎、梅毒等生殖器官疾病不得交配。

③不到初配年龄的不配。

④长途运输中禁止偷配，经过长途运输的兔子必须休息15天后才能进行配种。

二、性成熟、初配年龄与利用年限

● 1. 性成熟 ●

指獭兔生长发育到一定的月龄，其生殖系统发育已成熟。此时，青年公兔的睾丸内能产生成熟的精子，母兔的卵巢内能产生成熟的卵子，母兔会出现发情现象，如让公、母兔交配，能够受精，并能妊娠和完成胚胎发育过程。但达到性成熟时，还不能配种，因为獭兔的性成熟比体成熟早得多，以体重而言，性成熟时，兔的体重还只相当于成年体重的1/2左右。公兔的性成熟期为4~4.5月龄，母兔为3.5~4月龄。影响性成熟的因素有品种、性别、个体、营养、气候环境、遗传等。通常德系、法系獭兔的性成熟时间晚于美系獭兔；白色獭兔略早于有色獭兔，母兔早于公兔，饲养条件优良、营养状况好的早于营养状况差的，早春出生的仔兔早于晚秋或冬季出生的仔兔。

● 2. 初配年龄 ●

指獭兔达到性成熟以后，第 1 次适宜配种的年龄。初配年龄应比性成熟要晚，初配不宜过早，也不宜过晚。如初配月龄过小，一方面影响种兔本身的生长发育，造成早衰，从而降低使用寿命；另一方面，它所生的仔兔瘦弱，难以养活。如果初配时间过迟，不仅会减少种兔的终生产仔数，而且还会造成公母兔的性欲减退。

初配年龄：

母兔：5～6 月龄。

公兔：6～7 月龄。

按体重计算，达到成年体重的 75%～80%，母兔 2.75 千克以上，公兔 3 千克以上。

● 3. 种獭兔利用年限 ●

指适龄种兔从初配起，到可利用来较好地繁殖这段时间。獭兔的繁殖能力随着年龄的增长，约从 24 月龄后，无论是妊娠的次数或是胎产仔数均会逐渐下降，所以种兔均有一个适宜的使用年限，一般公兔为 2.5～3 年，个别的可利用 4 年，母兔为 2～2.5 年，个别的可利用 3 年，视饲养管理条件好坏和种兔的体况、繁殖能力可适当延长或缩短，频密繁殖，母兔仅利用 1 年。

三、发情期与发情周期

发情期：也叫发情持续期，指一开始出现发情症状至发情症状结束这段时期，獭兔的发情期一般为 3 天左右。

发情周期：獭兔的发情周期不像其他家畜那样有严格的周期性，其变化范围很大，一般为 8～15 天。如发情期不配种或配而不孕，就要等 8～15 天后再配种。

四、发情症状

①母兔烦躁不安，在笼内来回跑动甚至踏笼底板，减食，如果仔细观察，排尿频繁。

②外阴户潮湿红肿，发情初期呈淡红色，发情中期变成大红色，且肿胀明显，发情后期变成紫黑色，肿胀渐渐消退。不发情时呈肉白色。

③发情中期，公兔追逐爬跨时，母兔主动抬高后躯以迎合交配。此时，把母兔捉入公兔笼内配种，效果最好，最易受孕。

五、发情鉴定

母兔发情是由卵巢中的卵泡发育成熟引起的，母兔性成熟后，每隔一定时间卵巢内就有 1 批卵泡（10～20 个）成熟，成熟的卵泡产生 1 种激素，叫卵泡素或雌激素，这种激素进入血液中作用于母兔大脑的性活动中枢和生殖器官，引起性欲和母兔生殖器官一系列生理变化，这种性活动现象称为发情。发情鉴定通过以下 3 步实现。

第 1 步，外观表现。发情母兔表现精神不安，食欲减少，甚至废绝，喜欢跑跳，用下颌摩擦餐具，并有叼草筑巢和隔笼观望等特征。如果发现母兔食槽内的饲料没有消耗或消耗得很少，但精神很好，这就是发情的典型外表特征。

第2步，外阴黏膜检查。将母兔保定，用一只手抓住母兔的耳朵和颈部皮肤，将兔取出兔笼，另一只手掌托住母兔的臀部，用食指和中指夹住母兔尾巴根部，并将母兔背部翻转，同时大拇指往前下方按住母兔外阴，使其外阴黏膜充分暴露，观察外阴黏膜的颜色、肿胀程度和湿润状况。母兔在不同的发情期，其外阴黏膜呈现有规律的变化（表4-1）。

表4-1 母兔在不同的发情期外阴黏膜状况

发情时期	外阴黏膜颜色	外阴黏膜肿胀程度	外阴黏膜湿润状况	备注
休情期	苍白	萎缩	干燥	当阴道炎和外阴炎时外阴黏膜也发生红肿和湿润现象；子宫炎症外阴黏膜出现肿胀和局部红紫色，应注意鉴别
发情初期	粉红	稍肿胀	有黏液分泌	
发情中期	大红	极度肿胀	大量黏液分泌	
发情末期	黑紫	肿胀逐渐消失	黏液分泌减少	

第3步，放对试情。将母兔放入公兔笼中，若母兔处于发情中期，母兔会主动接近公兔。如公兔性欲不强，母兔会咬舔公兔，甚至爬跨公兔进行调情。当公兔追逐并爬跨时，母兔愿意接受，并主动将后躯抬高。若母兔未进入发情中期而放入公兔笼内，则不让交配，跑躲甚至与公兔发生咬斗，当公兔追逐并爬跨时，母兔则趴伏不动，并用尾巴紧紧掩盖外阴部。

在生产实践中，在外观表现的基础上，检查母兔的外阴黏膜颜色，根据其颜色的状况决定是否应该配种。根据实践经验，将配种时机总结为以下顺口溜：粉红早，黑紫迟，大红配种正当时。对有些发情症状不明显，没有明显红肿现象的母兔，则以阴户含水多时配种。

六、配种原则

老幼不配，体弱不配，发育不全不配，同色相配，不能杂色相配。必须发情中期配种，配种时只能将母兔捉入公兔笼内，不能将公兔捉入母兔笼内。公兔连续配2天休息1天。夏季配种，早晨提前，晚上推迟。

七、配种方式

(1) 重复配种　指将发情母兔用同一只公兔配种2次(早晚各1次，中途间隔8~10小时)。一般种兔场和保种场采取重复配种。

(2) 双重配种　指将发情母兔用第一只公兔配种后间隔10~15分钟，再用另一只公兔交配。商品场可以采取重复配种或双重配种。

八、配种方法

(1) 自然交配　就是把发情母兔放入公兔笼内任其自由交配。交配时，将母兔放入公兔笼内，公兔立即追爬母兔，母兔逃避几步，接着停下伏卧让公兔爬跨，随即后肢撑起，举尾迎合，当公兔阴茎插入母兔阴道射精时，公兔后肢也同时离地，后躯卷缩，紧贴母兔后躯上，并发出"咕咕"叫声，从母兔身上滑倒，并无意再爬，则表示交配完成。这时，将母兔捉出，腹部朝上，拍一下母兔的臀部，防止精液倒流，然后放回原笼。判断母兔是否交配，公兔发出"咕咕"叫声并从母兔身上滑倒则是重要标志。1只发情母兔配2次即可。

（2）人工辅助交配　因多种原因，部分母兔会出现发情而不愿意接受交配的现象，为了不错过配种的时期，需采用人工辅助交配法，即人工强迫，帮助母兔接受公兔的交配，具体方法是：第一种，一手抓住母兔的颈皮和耳朵，另一只手从母兔腹下托起臀部，食指和中指将母兔的尾巴向上顶，露出阴户，迎接公兔交配。另一种，用细绳拴住发情母兔的尾巴，将绳由背部拉向头前方，一手抓住细绳和兔颈皮，另一只手从母兔腹下托起臀部，迎接公兔交配。

配完种后，及时作好配种记录，以便了解系谱，同时确定检胎时间和预产期。

（3）人工授精　即利用一定的器械采集公兔的精液，并借助输精器将精液输入母兔的生殖道内使其受胎的一种配种方式。

九、人工授精技术

● 1. 人工授精的优点 ●

（1）有利于种群质量提高　人工授精首先选用的是兔群中最优秀的公兔参加配种，这样能充分发挥优良种公兔的作用，加快良种推广，防止兔群退化，保证兔群质量。人工授精是在严格的选种选配，有计划地繁殖基础上进行的，可克服自由交配和无计划繁殖的某些缺点；另外，精液采集之后，要进行精液品质鉴定，凡不符合要求的精液一律不得输精，从而保证了每次为发情母兔输入精液的质量和配种受胎率，并有利于獭兔的育种工作。

（2）减少种公兔的饲养量和饲养成本　用自然交配法配种，1 只公兔 1 次只能与 1 只母兔交配，兔群中的公母比例一般为 1∶（8～10）。而用人工授精的方法配种，1 次采集的精液经稀释后可为 5～10 只母兔输精，1 只公兔可负担 100 只以上母兔的配种任务。不仅对兔场的改良发挥积极作用，而且减少了公兔的饲养数量，降低了饲养成本，提高了经济效益。

（3）减少疾病的传播　人工授精原则上是无菌操作，因而防止了一些疾病由于本交造成的在公、母兔之间乃至全群的传播，尤其是通过交配传染的皮肤病和生殖器官疾病。

（4）有利于规模化生产　规模化生产是獭兔生产的发展趋势。而前提条件必须实现同期配种、同期分娩、同期断奶、同期肥育和同期出栏。以上五个同期的基础或首要条件是同期发情配种。只有采用人工授精技术，才能实现后面的同期，进而实现生产管理程序化和产品质量规格化，因而，这也是獭兔繁殖技术发展的必然。

（5）技术便于推广　与其他家畜的人工授精相比，獭兔的人工授精设备简单，投资少，操作方便，技术便于推广。

●2. 人工授精操作程序●

人工授精操作程序主要包括精液的采集、精液品质检查、精液的稀释和保存、输精等几项技术。

（1）采精　采集精液的方法有按摩法、电击法、假台兔法和假阴道法，其中假阴道法最常用。采精前应准备好采精器，目前我国没有标准的兔用采精器，可自己制作。采精器由外壳、内胎和集精杯组成。外壳可用直径 1.8 ~ 2.0 厘米、长 6 厘米的橡胶管，将两端截齐，磨去棱角和毛边即可；内胎可用 3.0 ~ 3.3 厘米的人工避孕套；采集杯可用瓶口外径与外壳内经相吻合的青霉素小瓶。使用前先将采精器用清水冲洗，再用肥皂水冲洗，然后用清水冲洗，最后用生理盐水冲洗。

将避孕套放入外壳中，将盲端剪去一截，并翻转与外壳一端用橡皮筋固定好，提起内胎的另一端，往内胎与外壳之间的夹层注满 45℃ 左右的温水，然后再将内胎外翻，同样用橡皮筋固定于外壳的另一端。最后将集精杯安上，并尽量往里推，使夹层里的水推向另一端，增加内胎的压力，使入口处形成"Y"形。用消过毒的温度计测量内胎的温度，达到 40℃，便可采精。

采精时选一只发情母兔作台兔放在公兔笼内，待公兔爬跨后将其推下，反复 2 ~ 3 次，以提高公兔性欲，促进性腺的分泌，增加射精量和精子活力。之后操作者一手抓住台兔的耳朵及颈部的皮肤，一手握住采精器伸到台兔的腹下，将假阴道口紧贴在台兔外阴部的下面，突出约 1 厘米，其角度与公兔阴茎挺出的角度一致。当公兔的阴茎反复抽动时操作者应及时调整采精器的角度，使阴茎顺利进入假阴道内。公兔射精后，应立即将采精器的口端抬高，使精液流入集精杯内，迅速从台兔腹下抽出，竖立采精器，取下集精杯，并将粘在内胎口处的精液引入集精杯，加盖，贴上标签，送到人工授精室内进行精液品质检查。

（2）精液品质检查　精液品质与人工授精效果密切相关，精液稀释的倍数也必须根据精液的品质来确定。因此，采精后首先要对精液的品质进行检查。检查的主要项目有：射精量、色泽、气味、pH 值、精子密度、精子活力、精子形态等。

①射精量：是指公兔 1 次射出的精液数量，可从带有刻度的集精杯上直接读出。集精杯上无刻度时，需倒入带有刻度的小量筒内读数。正常情况下成年公兔 1 次射精量为 1 毫升左右，射精量与品种、体型、年龄、营养状况、采精技术、采精频率等有关。

②色泽和气味：正常精液的颜色为乳白色或灰白色，浑浊而不透明，稍有腥味，但无臭味和其他异味。精子密度越大，浑浊度越大。肉眼观察为红色、绿色、黄色等颜色均属于不正常色泽，有尿味、臭味或其他异味均不可使用，应查明原因。

③pH 值：一般用精密 pH 值试纸测定，正常精液的 pH 值接近中性（pH 值 6.6～7.6），过高或过低均属于不正常。如果 pH 值偏高，可能是公兔生殖器官有疾患，不宜使用。

④精子密度：指单位体积精液内精子的数量。检查精子密度可判定精液优劣程度和确定稀释倍数，精子密度越大越好。测定精子密度的方法有估测法和计数法。

生产中常用估测法，即依据显微镜视野中精子间的间隙大小来估测精子的密度，分为密、中、稀 3 个等级。显微镜下精子布满整个视野，精子与精子之间几乎没有任何间隙，其密度可定为"密"；若视野中所观察的精子间有能容纳 1～2 个精子的间隙，其密度可定为"中"；若视野中所观察的精子间有能容纳 3 个或 3 个以上精子的间隙，其密度可定为"稀"。据测定，采用估测法被定为"密"的精液，每毫升中含 10 亿个以上精子；密度为"中"的精液，每毫升中含 1 亿～9 亿个精子；密度为"稀"的精液，每毫升中所含精子不足 1 亿个。

计数法，即借助血细胞计数板较精确地计算出单位体积中精子的数量。其具体方法如下。

先将血细胞计数板推上盖玻片，用血细胞吸管吸取精液至"0.5"刻度处，并将吸管外壁精液拭去。再吸取 3% 氯化钠溶液至"11"刻度处，以拇指和食指分别堵住吸管两端，充分震荡混合。然后弃去吸管前段数滴混合液，将吸管尖端谨慎地放在计数板与盖片之间的空隙边缘，使吸管中的混合液被自然吸入并充满计数室。在计数板 25 个中方格中，按 5 点取样法（即四个角和中央）取 5 个中方格，依次计算出每个中方格内 16 个小方格的精子数。计数时，以精子头部为准，凡精子的头部压在方格边缘者，采取"数上不数下，数左不数右"的原则，以免遗漏或重复计数。最后按以下公式计算出精子密度。

精子密度 = 5 个中方格内的精子数 ×10^6

为了准确测定精子的密度，应连续取样，测定 2 次，取其平均数。如果前 2 次所测的数据差距较大，应测 3 次。

⑤精子活力：指做直线运动的精子占精子总数的比率。

精子密度和精子活力都是评定精液品质的重要指标，精液品质越好，其活力越高。

测定精子活力要借助显微镜，其方法是：在30℃室温下，取一滴精液于干燥洁净的载玻片上，加盖片后，置于显微镜下放大200～400倍观察。若精子100%呈直线运动，其活力定为1.0；若60%的精子呈直线运动，其活力定为0.6，以此类推。如果多个视野内均无一个精子呈直线运动，其活力为零。在评定精子活力时，应注意环境的温度和空气中是否有其他异味。低温和空气中含有大量的挥发性化学物质，都会影响精子的活力。獭兔新鲜精液的活力一般为0.7～0.8，用于输精的常温精液的活力要求在0.6以上，冷冻精液精子活力在0.3以上。

⑥精子形态：正常的獭兔精子由1个圆形的头和1个长长的尾巴组成，形似蝌蚪。精子形态检查主要观察畸形精子率，即形态异常（有头无尾、有尾无头、双头、双尾、头部特大、头部特小、尾部卷曲等）的精子数占精子总数的比率。其方法是：做一精液抹片，自然干燥后，用红蓝墨水或伊红染色3～5分钟，冲洗晾干后，放在400～600倍显微镜下，从数个视野中统计不少于500个精子中畸形精子的数，并按下列公式计算畸形率。

精子畸形率 ＝（畸形精子数÷观察精子总数）×100%

正常精液中畸形精子不应超过20%。

（3）精液稀释 稀释精液的目的在于增加精液量，增加输精母兔数量，提高优良种公兔的利用率。同时稀释液中的某些成分还具有营养和保护作用，起到缓冲精液酸碱度、防止杂菌污染、延长精子存活的作用。常用的稀释液有以下几种。

①生理盐水稀释液：0.9％的医用生理盐水。

②葡萄糖稀释液：5％的医用葡萄糖溶液。

③牛奶稀释液：用鲜牛奶加热至沸，保持 15 ~ 20 分钟，晾至室温，用 4 层纱布过滤。

④蔗糖奶粉稀释液：取蔗糖 5.5 克、奶粉 2.5 克、磷酸二氢钠 0.41 克、磷酸氢二钠 1.69 克、青霉素和链霉素各 10 万单位，加双蒸馏水至 100 毫升使之充分溶解后再过滤。

⑤葡萄糖、蔗糖稀释液：取葡萄糖 7 克、蔗糖 11 克、氯化钠 0.9 克、青霉素和链霉素各 10 万单位，加双蒸馏水至 100 毫升使之充分溶解后再过滤。

稀释倍数根据精子密度、精子活力和输入精子数而定，通常稀释 3 ~ 5 倍。稀释时应掌握"三等一缓"的原则，即等温（30 ~ 35℃）等渗（0.986％）和等值（pH 值 6.4 ~ 7.8），缓慢将稀释液沿杯壁注入精液中，并轻轻摇匀。配制稀释液的用品、用具应严格消毒，精液稀释后应再进行一次活力测定，如果差距不大，可立即输精。否则应查明原因，并重新采精、测定和稀释。

（4）输精　獭兔是诱发排卵动物，对发情母兔人工授精前需进行诱发排卵处理。生产中多注射激素诱导排卵。对要配种的母兔可耳静脉或肌内注射促排卵素 2 号（LRH-A2）或促排卵素 3 号（LRH-A3）3 ~ 7 微克，或绒毛膜促性腺激素（HCG）50 万单位，或促黄体素（LH）10 万 ~ 20 万单位，在注射后 5 小时内输精。对未发情的母兔先用孕马血清促性

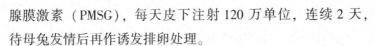

腺膜激素（PMSG），每天皮下注射 120 万单位，连续 2 天，待母兔发情后再作诱发排卵处理。

　　输精器可用专门的器械，也可以玻璃管代替，口端用酒精喷灯烧圆，按输精母兔的数量（1 兔 1 支）备齐，消毒后待用。

　　为了减少捉兔次数和减轻对母兔的刺激，输精最好与注射诱导排卵激素同时进行。通常 1 次的输精量为 0.2～1 毫升稀释后的精液，其有效精子数为 0.1 亿～0.3 亿个。常用的输精方法有 4 种。

　　①倒提法：由俩人操作。助手一手抓住母兔耳朵及颈部皮肤，一手抓住臀部皮肤，使之头向下尾向上。输精员一手提起尾巴，一手持输精器，缓缓将输精器插入阴道深处。

　　②倒夹法：由一人操作。输精员蹲坐在一个高低适中的凳子上，使母兔头向下，轻轻夹在两腿之间，一手提起尾巴，一手持输精器输精。

　　③仰卧法：输精员一手抓住母兔耳朵及颈部皮肤，使其腹部向上放在一平台上，一手持输精器输精。

　　④俯卧法：由助手保定母兔呈俯卧姿势，输精员一手提起尾巴，一手持输精器输精。

　　为提高母兔的受胎率，在整个输精操作过程中应注意以下几个问题。

　　第一，输精器械要严格消毒，1 只母兔用 1 支输精器，不能重复使用，待全部操作完毕后清洗、消毒备用。

　　第二，输精前用蘸有生理盐水的药棉将母兔的外阴擦净。如果外阴污浊，应先用酒精药棉擦洗，再用生理盐水药棉擦

拭，最后用脱脂棉擦干。

第三，由于母兔尿道开口在阴道的中部腹侧 5～6 厘米处，输精器应先沿阴道的背侧插入并下行，越过尿道开口后再向正下方推入，插入深度至 7 厘米后，即可将精液注入。

第四，如果遇到母兔努责，应暂停输精，待其安静后再输，不可硬往阴道内插入输精器，以免损伤阴道壁。

第五，在注入精液之前，可将输精器前后抽动数次，以刺激母兔，促进生殖道的蠕动。精液注入后，不要立即将输精器抽出，要用手轻轻捏住母兔外阴，缓慢将输精器抽出，并在母兔的臀部拍一下，防止精液逆流。

第六，精液品质受到外界环境的影响而影响精子活力和质量。因此，应尽量缩短从采精至输精之间的时间，这是提高人工授精受胎率的关键环节。

第七，一般来说，人工授精的受胎率不如自然交配高，特别是长期连续使用激素诱导排卵会在母兔体内产生抗体，影响激素诱导排卵的效果。因此，最好人工授精和本交交替进行，以缓解体外激素带来的负面效应。

十、妊娠与妊娠检查

● 1. 妊娠●

就是受精卵逐渐形成胎儿及胎儿在子宫里生长发育所发生的一系列复杂的生理变化过程。

● 2. 妊娠检查●

检查母兔配种后是否受孕，叫妊娠检查。妊娠检查应尽

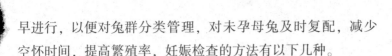

早进行，以便对兔群分类管理，对未孕母兔及时复配，减少空怀时间，提高繁殖率，妊娠检查的方法有以下几种。

（1）复配法　母兔配种 5～7 天以后，将其放入公兔笼内进行复配，如母兔不接受公兔交配，在笼内转动，并发出"咕咕"的叫声，或臀部下卧，夹着尾巴躲避在一角，毫无交配表现，则认为母兔可能怀孕。如果母兔表现亲近公兔，并频频举尾，愿意接受交配时，则表示没有怀孕。此方法准确性不高。

（2）称重法　母兔配种时即称重，记下重量，间隔 10～15 天后再称重 1 次，如果重量增加明显，可视为怀孕；如果体重相差不大，则视为未孕。由于初配母兔还处在生长发育阶段，无论其是否受孕，体重都会增加，故此法准确性亦较差。

（3）摸胎法　一般在母兔交配后 12 天左右进行，有经验的技术人员或饲养员可在交配后 10 天即能确定母兔是否怀孕。具体方法是，摸胎时把母兔放在桌上或地上，兔头面向摸胎人的胸部，一手掌向上用拇指和食指作"八"字形，从前腹腔部向后轻轻触摸。如腹部柔软如棉，表示未受孕；如感觉腹部较紧实，并摸到像胡豆大小、表面光滑、富有弹性、能滑动的肉球，则可确认受孕。但要注意胎儿与粪球的区别，粪球像花生米，表面粗糙，一般较硬，无弹性，分布面积较大；胎儿则较柔软，表面光滑有弹性。摸胎方法操作简便，准确性较高，在生产实践中普遍应用，但检查时要小心，严防粗暴按压或拍打母兔，以防造成流产。

十一、分娩

胎儿发育成熟由母体产道排出体外的过程叫做分娩，也就是人们常说的母兔"下仔"或"产仔"。

● 1. 妊娠期（怀孕期）●

精子与卵子在母兔体内结合为合子，称为受精。从受精卵开始发育到分娩这一时间为胚胎期或叫妊娠期。妊娠期是从交配的第2天算起，一般为30～31天，妊娠期在29～34天所产仔兔均能成活。怀孕期的长短因年龄、营养水平、胎儿数量等有所差异。如老龄母兔比青年母兔怀孕期长；怀胎儿数量少的比数量多的怀孕期长；营养状况好的比差的母兔怀孕期长。

● 2. 产前症状●

母兔产前征兆比较明显，多数母兔临产前3～5天，乳房肿胀，还可以挤出少量乳汁，外阴部肿胀充血，食欲减退，产前1～2天开始衔草，拉毛。母兔的拉毛与泌乳有直接关系，拉毛早则泌乳早，拉毛多则泌乳多，一般初产母兔不拔毛或拔少量的毛，对不会拉毛或不拉毛的母兔，需人工拉毛。临产前数小时，母兔情绪不安，频繁出入产箱。

● 3. 分娩时间及过程●

母兔产仔大多在天亮前至中午这段时间。正常情况下，20～30分钟就可将全部胎儿产出，极个别的需1小时左右，母兔分娩一般不需人工照顾，它自己将胎衣（胎盘）吃掉，舔干仔兔身上的胎水、血污，产仔结束后母兔自动跳出产仔箱。但也有个别母兔产下 1 批仔兔后，间隔数小时，甚至数十小时再产第 2 批仔兔。因此，在母兔分娩完之后，最好检查一下所产仔兔的数量。如果发现仔兔过少时，要检查一下母兔的腹部内是否还有仔兔，最后把所有的仔兔放在温暖和安全的地方，以防冻死或被老鼠伤害。

● 4. 分娩前后的护理 ●

分娩前 2 ~ 3 天应将消毒好的产仔箱放入母兔笼内，严冬季节还应在产仔箱内放入干净稻草，及时清理食槽中掉入的兔毛，以防母兔食入发生毛球病，分娩前后，供给母兔充足的淡盐水，以防母兔产仔后，口渴难忍，将仔兔吃掉。产仔结束后应检查仔兔是否吃上初乳，对未哺乳的仔兔采取人工强制哺乳，及时清理产仔箱内的胎盘、污物等，洗净双手，清点胎儿数量，剔除死胎，并将产仔日期、产仔数（包括死胎）登记在繁殖卡上，种兔场还应称初生重，作为评价母兔繁殖性能和育种指标的依据。对于未吃上初乳的仔兔，在出生后 6 ~ 10 小时内人工强制哺乳。同时将产仔母兔肌内注射 1 次（2 毫升）黄藤素，预防仔兔黄尿病。

● 5. 及时调整仔兔 ●

根据养兔生产实践，每只健康母兔以哺乳 6 ~ 8 只为宜，多余者可实行寄养，对体重过小或体弱的仔兔予以淘汰。

● 6. 做好防寒保暖工作 ●

母兔产完仔后，将产仔箱编号，以便喂奶时对号入座，同时加入干净柔软的垫草，冬天要将产仔箱放入保温笼，使初生仔兔窝温保持在 30～32℃，严冬季节，保温笼内可安放 40 瓦的白炽灯泡。

●7. 人工催产●

　　一般情况下母兔产仔比较顺利，不需要催产。但是在个别情况下需要进行催产处理。比如，妊娠期已达 32 天以上，还没有任何分娩的迹象；有的母兔由于产力不足（仔兔发育不良、活动量小或个别兔是死胎，不能刺激子宫肌产生有力的收缩和蠕动，或母兔体力不支，不能顺利产出胎儿等）而不能在正常时间内分娩结束；母兔怀的仔兔数少（1～3 只），在 30 天或 31 天没有产仔，恐怕仔兔发育过大而造成难产；个别母兔有食仔癖，防止其"旧病复发"，需要在人工监护下产仔；冬季繁殖，兔舍温度较低，若夜间产仔，仔兔有被冻死的危险等，在上述需要人工护理等情况下，有必要进行人工催产。人工催产有两种方法，一是激素催产，二是诱导分娩。

　　（1）催产素法　选用人工催产素注射液，每只母兔肌内注射 3～4 单位，10 分钟左右便可产仔。

　　催产素可刺激子宫肌强直收缩，用量一定要得当。应根据母兔的体型大小、怀仔兔数的多少而灵活掌握。一般体型较大和怀仔兔较少者适当加大用量，体型较小和胎儿数较多者应减少用量。

　　（2）诱导分娩法　诱导分娩是通过外力作用于母兔，诱导催产激素的释放和子宫及胎儿的运动，而顺利将胎儿娩出的过程。按程序分 4 步。

　　第 1 步，拔毛。将产前母兔轻轻取出，置于干净而平坦的地面或操作台上，左手抓住母兔的耳朵及颈部皮肤，并使之翻转身体，腹部向上，右手拇指和食指及中指捏住乳头周围的毛，一小撮一小撮地拔掉，拔毛面积为每个乳头 12 ~ 13 平方厘米，即以乳头为圆心，以 2 厘米为半径画圆，拔掉圆内的毛即可。

第 2 步，吮乳。选择产后 5 ~ 10 天的仔兔 1 窝，仔兔 5 只以上（以 8 只左右为宜）。6 小时之内没有吃奶。将这窝仔兔连同其巢箱一起取出，把待催产并拔好毛的母兔放入巢箱内，轻轻保定母兔，防止其跑出或踏蹬仔兔，让仔兔吃奶 5 分钟，然后将母兔取出。

第 3 步，按摩，用干净的毛巾在温水里浸泡，拧干后用右手拿毛巾伸到母兔腹下，轻轻按摩 0.5 ~ 1 分钟，同时手感母兔腹壁的变化。

第四步，观察和护理。将母兔放入已经消毒和铺好垫草的产箱内，仔细观察母兔的表现。一般 6 ~ 12 分钟母兔即可分娩。

第三节 獭兔的繁殖模式

一、种群结构

兔群是发展獭兔生产和扩大再生产的基础，不管规模大小，形式如何，合理的兔群结构对獭兔的生长发育、繁殖性能及经济效益都有一定影响。凡具有一定规模的兔场，其兔群结构在一定阶段需保持相对的稳定性。

优化种群结构，目的是使绝大多数种兔处于旺盛的繁殖力时期。1 岁以前的青年种兔，繁殖力随月龄增加而增加，1～2 岁的壮年兔处于旺盛时期，2 岁以后，种兔繁殖性能逐渐下降，要使种兔繁殖实现高产、稳产，种兔群中，青、壮、老年种兔应有合理的年龄结构。种兔一般使用 3 年左右，每年要有 1/3 左右的种兔被淘汰。因此，每年要选留 1/3 以上的后备兔，并从中进一步选择作为种兔的来源，使整个群体以青壮年为主，这样才能保持群体的高产水平，老龄兔比例过大，将会影响整个兔群生产。

合理的兔群结构是由一定数量和一定比例的种母兔、种公兔和后备公母兔所组成。不同生产目的兔场的种群结构有所不同。

● 1. 种群结构的合理确定 ●

一个兔场种群结构的确定取决于以下四个因素。

（1）生产目的　如果是以保种为目的的兔场，多以从国外引进良种或自己培育的新品种（系），种兔质量达到较高而性能相对稳定状态，为了防止群体的退化和变异，需要增加种兔的利用年限，延长时间间隔，缩小公母比例。而以商品生产为目的的兔场，要求在较短的时间内生产大量的商品后代，尽量挖掘种兔的生产潜力。因此，年繁殖胎数尽量多，而利用年限缩短。而以种兔生产为目的的兔场，其情况介于两者之间。

（2）利用年限　獭兔的寿命在 6 年以上（最高可达十几年），而繁殖年限在 4 年以上。但经济利用年限取决于对种兔的利用频率或利用强度，同时与饲养管理有很大关系。不同的生产目的、不同的生产方式和不同的兔场，对种兔的利用强度是不同的。一般来说，獭兔在12胎以内繁殖性能比较稳定，超过12胎则性能下降明显。因此，如果年繁殖6胎，经济利用年限应该是2年；如果年繁殖4胎，经济利用年限则为3年。当然，如果年繁殖9~10胎，即在短短的时间内使母兔连续进行频密繁殖，这样的繁殖模式，母兔的利用年限只能在1年左右。

(3) 公母比例 公母比例取决于配种方式、繁殖强度和生产目的。本交和人工授精对公兔、母兔比例的要求相差悬殊。人工授精所需的公兔仅为本交的10%~20%；繁殖强度大，对公兔的利用量也大，公兔数量适当增加。按照公、母兔比例要求，本交情况下，每只公兔可负责5~10只母兔的配种。一般种兔生产，公母比可按1:(4~5)的比例，商品生产，公母比可按1:(8~10)的比例；人工授精情况下，公母比例可按1:(80~100)的比例。

(4) 群体大小 兔群规模对于兔群结构产生一定影响。一个小的群体（如基础母兔在120只以内），为了保持种群的延续而避免近交，必须保持种公兔一定的比例，即种公兔比例就在1:8以上。而一个规模较大的群体，不存在近交退化的风险，可按照常规比例进行，即公母比例1:(8~10)。

●2. 不同兔场的种群结构●

(1) 商品兔场 母兔年繁殖6胎以上，利用年限2年，公母比例1:(8~10)，年更新率50%，在上半年和下半年分别更新1次，每次更新25%。因此兔群结构为6~12月龄兔25%，1~2岁兔50%，2~2.5岁兔25%。

（2）种兔场 母兔年繁殖5胎，利用年限2.5年，公母比例1∶8，年更新率40%，分别在上、下半年各更新20%。因此兔群结构为：6~12月龄兔20%，1~2.5岁兔60%，2.5~3岁兔20%。

（3）保种兔场 母兔年繁殖4胎，利用年限3~4年，公母比例1∶6左右，年更新率25%~33%，同样在上、下半年各更新1/2。因此，兔群结构：6~12月龄兔12.5%~16.5%，1~2.5岁兔33.5%~37.5%，2.5~3.5岁兔33.5%~37.5%，3.5~4.5岁兔12.5%~16.5%。

二、选配原则

选配就是按照人们的生产目标，采用科学的方法，指定公、母兔的交配，而不允许公、母兔间乱交乱配。一般讲，优良种兔所生的后代是优良的，这是符合遗传学原理的，所谓"娘壮儿肥"、"好种出好苗"就是这个道理。在进行獭兔选种的同时，还要进行选配。选种是选配的基础，选配则是选种的继续，是提高獭兔的繁殖性能和仔兔品质，发挥良种效应的重要手段，是获得更多良种獭兔和提高獭兔生产力的重要技术措施。

（1）有明确的选配目的 选配是为育种和生产服务的，育种和生产的目的必须首先明确，这是我们特别强调的并要贯穿于整个繁育过程中，一切的选种选配工作都围绕它来进行。

（2）充分利用优秀公兔 公兔用量少，所以选择强度大、遗传品质好，对后代的遗传改良作用大。对优秀公兔要充分利用，规模养兔可采取人工授精的方式以充分利用优秀公兔。并适当保持一定数量的种公兔，以冲淡和疏远太近的亲缘关系，避免后代产生各种退化现象。

（3）慎重使用近交 近交通常是作为一种特殊的育种手段来应用的，主要在新品种、品系培育过程中应用近交来加快理想个体的遗传稳定速度、建立品系、杂交亲本的提纯、不良个体和不良基因的甄别和淘汰等。近交有严格的适用范围，不可滥用，在生产中应尽量避免 3 代以内有血缘关系的公、母兔交配。生产群要注意分析公、母兔间的亲缘关系以避免近交衰退。即使有必要使用近交也要掌握适度。

（4）相同缺点或相反缺点不配 不允许有相同缺点或相反缺点的公、母兔交配，正确做法是以其优良性状纠正不良性状，以优改劣。

（5）注意公母兔间亲和力 选择那些亲和力好、所产后代优良的公母兔进行交配。

三、繁殖强度

繁殖强度也叫繁殖周期，是指从上胎产仔到下胎配种繁殖的间隔时间。繁殖周期一般分为延期繁殖、半密集繁殖和密集繁殖。

● 1. 延期繁殖 ●
仔兔断奶后，才配种繁殖下一胎。

● 2. 半密集繁殖 ●

在母兔产仔后 8 ~ 15 天，对母兔进行配种繁殖。饲养獭兔的目的主要是为获取高质量的毛皮，而皮张质量的优劣直接受"养皮"时间和季节的影响。獭兔取皮年龄一般不应小于 5 月龄，季节以冬季取皮最好。因此，对商品獭兔生产的繁殖以适时取皮为目标，采用半密集和延期繁殖交叉的繁殖周期为宜，也可 3 种类型繁殖周期交叉进行。

● 3. 密集繁殖 ●

母兔产仔后 1 ~ 2 天（24 ~ 36 小时较好）就把母兔送与公兔交配。一般又称"血配"。

四、繁殖模式

所谓繁殖模式，是獭兔在繁殖过程中所遵循的一定的程序，是一个獭兔生产企业对獭兔繁殖周期和繁殖频率总的控制程序及其配套技术。繁殖模式应包括以下内容：兔群 1 年繁殖几胎，胎次如何安排，何时配种，何时分娩，何时断奶，产仔间隔如何，采取什么样的配套技术等。分常规繁殖模式和现代繁殖模式。

● 1. 常规繁殖模式 ●

农户的庭院养殖和大部分的规模化养殖场仍采用常规繁殖模式，即每天进行发情鉴定，每天配种，几乎每天都有产仔的母兔，几乎每天都有断奶的母兔，几乎每天都有需要免疫的兔子，几乎每天都有出栏的商品兔。但由于精力有限，其免疫等操作往往将日龄相近的仔兔集中时间进行接种，使抗体水平差异较大，不利于形成整体的抗体能力。类似的情况还很多，养殖者每天面对的不确定因素太多，工作内容繁杂，忙得没有头绪。所谓常规繁殖模式是庭院式养殖的主要繁殖模式，每个饲养人员所能担负的母兔养殖任务一般不超过100只母兔。如果集约化、工厂化养殖也采取这种方式，经济效益将明显降低。因此，国际上集约化、工厂化家兔养殖企业多采用现代繁殖模式。

● 2. 现代繁殖模式 ●

所谓现代繁殖模式，多以全进全出和人工授精为基础。包括以下内容：兔群1年繁殖几胎，胎次如何安排，何时配种，何时分娩，何时断奶，产仔间隔如何，采取什么样的配套技术等。产后不同时间配种，受胎率不同。产后1~2天配种受胎率较高，至第四天达最低水平，这种状态一直持续到产后第14天，之后受胎率又逐渐升高，至断奶时达到较高水平。这种产后不同时间配种受胎率不同的现象，为我们确定不同的繁殖制度提供了理论依据。

（1）频密式繁殖模式　该模式又称集约式繁殖制度。母兔产后3天内配种（包括分娩的当天），仔兔4周龄或4周龄以前断奶，繁殖周期为31~33天，每年繁殖8胎或8胎以上。生产中长期使用频密式繁殖制度，必须具备以下几个条件：①保证繁殖母兔的营养需要；②兔舍环境条件符合繁殖母兔的生理需要；③必须有高水平的管理技术，保证断奶仔兔的正常生长、发育和高的成活率；④选用耐频密繁殖性能好的品种。

（2）半频密式繁殖模式 该模式又称半集约式繁殖制度。在母兔泌乳期间进行配种，使泌乳和妊娠同时进行，但使泌乳高峰期和胎儿发育旺盛期错开。一般在产后 8 ~ 15 天配种，仔兔 4 周 ~ 5 周龄断奶，繁殖周期为 39 ~ 46 天，每年可繁殖 5 ~ 6 胎。

（3）延期繁殖模式 母兔产后 31 天以后配种，一般是在断奶后配种，仔兔 5 周龄或 6 周龄断奶，繁殖周期为 66 ~ 73 天，每年可繁殖 4 胎。

（4）年产 6 胎复合繁殖模式 该繁殖模式是针对我国中原地带家庭中等规模兔场，夏季由于高温而难以进行配种繁殖，冬季由于缺乏保温设施也难以安排产仔。在这种情况下，抓住春秋两个黄金季节，充分利用獭兔产后发情的生理特点，采取频密繁殖、半频密繁殖和延期繁殖 3 种繁殖手段相结合，在 1 年内繁殖 6 胎的高效率繁殖方式。

表 4 - 2　1 年 6 胎繁殖模式

胎次	配种日期	产仔日期	断奶日期	哺乳时间/天	休养时间/天
1	2 月上旬	3 月上旬	4 月下旬	30	- 28
2	3 月上旬	4 月上旬	5 月上旬	35	- 20
3	4 月中旬	5 月中旬	6 月下旬	42	45
4	8 月中旬	9 月中旬	10 月中旬	30	- 28
5	9 月中旬	10 月中旬	11 月中旬	35	- 20
6	10 月下旬	11 月下旬	翌年 1 月上旬	42	30

表 4 - 2 中休养时间是指从小兔到下次配种的间隔时间。负数代表没有修养期，采取频密繁殖或半频密繁殖，泌乳和

妊娠的重合时间。

（5）56 天繁殖周期模式　是指 2 次配种时间的间隔为 56 天，于母兔产后 25 天再次配种，可实现每年 6.5 胎的繁殖次数，只均母兔年提供商品兔为 40 只左右甚至更高。做法为：将母兔群分为 8 组，每周给其中一组配种，具体安排流程见图 4 – 1 和表 4 – 3。

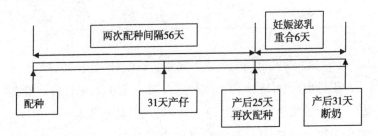

图 4 – 1　56 天繁殖周期模式

表 4 – 3　56 天繁殖模式工作流程

周次	周一	周二	周三	周四	周五	周六	周日
第一周	配种-1						
第二周	配种-2					摸胎-1	
第三周	配种-3					摸胎-2	
第四周	配种-4					摸胎-3	
第五周	配种-5	放产箱-1		接产-1	接产-1	摸胎-4	
第六周	配种-6	放产箱-2		接产-2	接产-2	摸胎-5	
第七周	配种-7	放产箱-3		接产-3	接产-3	摸胎-6	
第八周	配种-8	放产箱-4	撤产箱-1	接产-4	接产-4	摸胎-7	
第九周	配种-1	放产箱-5	撤产箱-2	接产-5	接产-5	摸胎-8	断奶-1
第十周	配种-2	放产箱-6	撤产箱-3	接产-6	接产-6	摸胎-1	断奶-2
第十一周	配种-3	放产箱-7	撤产箱-4	接产-7	接产-7	摸胎-2	断奶-3

（续表）

周次	周一	周二	周三	周四	周五	周六	周日
第十二周	配种-4	放产箱-8	撤产箱-5	接产-8	接产-8	摸胎-3	断奶-4
第十三周	配种-5	放产箱-1	撤产箱-6	接产-1	接产-1	摸胎-4	断奶-5
第十四周	配种-6	放产箱-2	撤产箱-7	接产-2	接产-2	摸胎-5	断奶-6
第十五周	配种-7	放产箱-3	撤产箱-8	接产-3	接产-3	摸胎-6	断奶-7
第十六周	配种-8	放产箱-4	撤产箱-1	接产-4	接产-4	摸胎-7	断奶-8
第十七周	配种-1	放产箱-5	撤产箱-2	接产-5	接产-5	摸胎-8	断奶-1

（6）49 天繁殖周期模式　是指 2 次配种时间的间隔为 49 天，于母兔产后 18 天再次配种，可实现每年 7.4 胎的繁殖次数，只均母兔年提供商品兔为 45 只左右甚至更高。做法为：将母兔群分为 7 组，每周给其中 1 组配种，进行轮流繁殖。具体安排流程见图 4-2 和表 4-4。

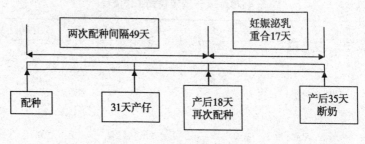

图 4-2　49 天繁殖周期模式

（7）42 天繁殖周期模式　是指 2 次配种时间的间隔为 42 天，于母兔产后 11 天再次配种，可实现每年 8.7 胎的繁殖次数，只均母兔年提供商品兔为 50 只左右甚至更高。做法为：将母兔群分为 6 组，每周给其中 1 组配种，进行轮流繁殖。

具体安排流程见图4－3和表4－5。

表4－4　49天繁殖模式工作流程

周次	周一	周二	周三	周四	周五	周六	周日
第一周	配种-1						
第二周	配种-2					摸胎-1	
第三周	配种-3					摸胎-2	
第四周	配种-4					摸胎-3	
第五周	配种-5	放产箱-1	接产-1	接产-1	接产-1	摸胎-4	
第六周	配种-6	放产箱-2	接产-2	接产-2	接产-2	摸胎-5	
第七周	配种-7	放产箱-3	接产-3	接产-3	接产-3	摸胎-6	
第八周	配种-1	放产箱-4	接产-4 撤产箱-1	接产-4	接产-4	摸胎-7	
第九周	配种-2	放产箱-5	产仔-5 撤产箱-2	接产-5	接产-5	摸胎-1	
第十周	配种-3	放产箱-6 断奶-1	接产-6 撤产箱-3	接产-6	接产-6	摸胎-2	

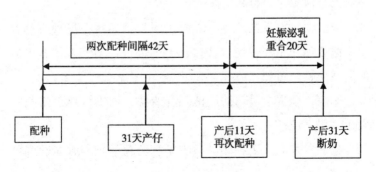

图4－3　42天繁殖周期模式

表 4 - 5　42 天繁殖模式工作流程

周次	周一	周二	周三	周四	周五	周六	周日
第一周	配种-1						
第二周	配种-2					摸胎-1	
第三周	配种-3					摸胎-2	
第四周	配种-4					摸胎-3	
第五周	配种-5	放产箱-1		接产-1	接产-1	摸胎-4	
第六周	配种-6	放产箱-2		接产-2	接产-2	摸胎-5	
第七周	配种-1	放产箱-3		接产-3	接产-3	摸胎-6	
第八周	配种-2	放产箱-4	撤产箱-1	接产-4	接产-4	摸胎-1	
第九周	配种-3	放产箱-5	撤产箱-2	接产-5	接产-5	摸胎-2	断奶-1
第十周	配种-4	放产箱-6	撤产箱-3	接产-6	接产-6	摸胎-3	断奶-2
第十一周	配种-5	放产箱-1	撤产箱-4	接产-1	接产-1	摸胎-4	断奶-3
第十二周	配种-6	放产箱-2	撤产箱-5	接产-2	接产-2	摸胎-5	断奶-4

现代繁殖模式的优点。

第一，便于组织生产，年初制订繁殖计划时，可以明确每天的具体工作内容和工作量。

第二，每周批次化生产，减少了发情鉴定、配种、摸胎等零散烦琐的工作，使这些操作集中进行，饲养人员有更多的时间照顾种兔和仔兔。

第三，全进全出，彻底清扫、清洗、消毒，减少疾病的发生，提高成活率。

第四，采取人工授精，减少了种公兔的饲养数量，降低了养殖成本。

第五，员工工作规律性强，员工可以有休息日和节假日。

第四节 不同季节獭兔繁殖注意事项

一、春季

春季是母兔发情旺季，发情正常，此时配种受胎率高，产仔数多，仔兔发育良好，体质健壮，成活率高，是母兔繁殖的大好季节。春季公兔性欲旺盛，精液品质好，是繁殖的黄金季节。应抓住时机搞好春繁。进行商品兔生产可采用频密繁殖法，连产2～3胎后再进行调整。

二、夏季

夏季母兔食欲减少、体质瘦弱、性功能减弱，配种受胎率低，产仔数少，成活率低，这个季节对仔兔、幼兔的威胁大，应避开夏季配种繁殖。夏季停繁停配，是减少兔体产热和减轻兔体散热负担的重要措施。受高温天气影响，一般来说当温度上升到32℃以上，公兔精液品质下降，母兔发情不规律或根本不发情，受胎率低。因此，在高温季节，自然条件下尽量不要配种和繁殖。母兔妊娠后，体内的物质代谢加强，产热量也相应增加，从而加重了兔体散热的负担。温度上升到35℃时，兔可能发生死亡。对于条件较好的兔场，可控制兔舍温度在30℃以下，在7月、8月的高温天气，也可以把握时机适时进行配种。夏季配种应安排在上午6：00之前或傍晚9：00之后。

三、秋季

秋季天高气爽，气候干燥，饲料充足，营养丰富，是饲养家兔的好季节，应抓紧繁殖，把好繁殖关。

● **1. 做好繁殖群的调整** ●

每年8月对兔群进行1次全面调整，将3年以上老龄兔、繁殖性能差、病残等无种用价值的兔淘汰，选留优秀后备兔补充种兔群，种群的更新率一般为40%左右。

● **2. 抓好秋繁配种** ●

可提前配种，连繁3胎，如7月中旬配种，8月中旬产仔；8月末配种，9月末产仔；10月末血配，11月初产仔。也可安排在8月中、下旬配种，因为此时配种，待产仔时已是仲秋，气温适宜，利于獭兔的繁育。

秋后利用复配法或双重配种法提高种公兔的利用效果，提高母兔受胎率和产仔率。因为种公兔长期不用，头几次使用，精液中精子质量差（如活力低、死精多等）。天气好坏和配种操作方法是否妥当，对受胎率、产仔率都有影响，应选择晴朗、无风的早晚时间配种，并且与配母兔应是发情中期。

四、冬季

● **1. 调整种兔群** ●

初冬是商品獭兔出栏的好时期，因此，我们要充分利用

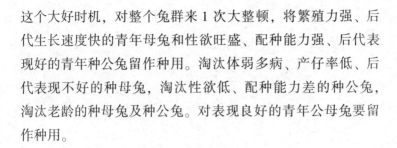

这个大好时机，对整个兔群来 1 次大整顿，将繁殖力强、后代生长速度快的青年母兔和性欲旺盛、配种能力强、后代表现好的青年种公兔留作种用。淘汰体弱多病、产仔率低、后代表现不好的种母兔，淘汰性欲低、配种能力差的种公兔，淘汰老龄的种母兔及种公兔。对表现良好的青年公母兔要留作种用。

● 2. 冬季繁育 ●

搞好冬季繁育，只要给獭兔创造恒温环境，进行冬繁冬养是完全可能的。应利用中午阳光充足的时候安排獭兔配种。配种要把握好农谚：粉红早，黑紫迟，大红正当时。种母兔配种后 12 天要及时摸胎，冬季日照时间短，气温低，这不利于母兔生殖激素的分泌，造成母兔卵巢活动机能减弱或发情不明显。因此，要搞好獭兔冬繁应人工补充光照至 14～16 小时，每天早晨 6 点至 7 点半，傍晚 5 点至 8 点半开灯人工补充光照，弥补光照不足。且经常检查母兔发情，以免错过发情时机。

第五章　獭兔饲养实用技术

第一节　饲料配制技术

一、饲养标准

家兔饲料营养是家兔生产重要的物质基础，它影响着优良家兔品种生产性能的发挥，而且与家兔生产经营者的经济效益直接相关。近年来，国内外对肉用兔、长毛兔的营养需要开展了大量的研究，取得了重大的进展。如法国营养学家 Lebas、德国 W. Scholaut 博士等根据研究结果，推荐各自肉用兔饲养标准；法国 Rougeot（1994）、原联邦德国 Klaus（1995）和我国学者刘世民等（1994）推荐了各自长毛兔饲养标准。这些研究成果在獭兔、长毛兔生产中发挥了重要作用。但有关獭兔的营养需要国内外尚未进行系统研究，獭兔饲养标准尚属空白，因而提供以下家兔饲养标准仅供参考。

1. 美国 NRC 推荐的家兔饲养标准（表 5 - 1）

表 5 - 1 美国 NRC 推荐的家兔饲养标准

营养指标	生长	维持	妊娠	泌乳
消化能/（兆焦/千克）	10.46	8.78	10.46	10.46
总可消化养分/%	65	55	58	70
粗蛋白/%	16	12	15	17
粗纤维/%	10~12	14	10~12	10~12
粗脂肪/%	2	2	2	2
钙/%	0.4	—	0.45	0.75
磷/%	0.22	—	0.37	0.5
钾/%	0.6	0.6	0.6	0.6
钠/%	0.2	0.2	0.2	0.2
氯/%	0.3	0.3	0.3	0.3
镁/（毫克/千克）	300~400	300~400	300~400	300~400
铜/（毫克/千克）	3	3	3	3
碘/（毫克/千克）	0.2	0.2	0.2	0.2
锰/（毫克/千克）	8.5	2.5	2.5	2.5
赖氨酸/%	0.65	—	—	—
蛋氨酸 + 胱氨酸/%	0.6	—	—	—
精氨酸/%	0.6	—	—	—
组氨酸/%	0.3	—	—	—
亮氨酸/%	1.1	—	—	—
异亮氨酸/%	0.6	—	—	—
苯丙氨酸 + 酪氨酸/%	1.1	—	—	—
苏氨酸/%	0.6	—	—	—
色氨酸/%	0.2	—	—	—
缬氨酸/%	0.7	—	—	—
维生素 A/国际单位	500	—	—	—
维生素 E/（毫克/千克）	40	—	40	40
维生素 K/（毫克/千克）	—	—	0.2	—

2. 美国《动物营养学》提供的饲养标准（表5-2）

表5-2 美国《动物营养学》提供的家兔饲养标准

营养指标	成年兔妊娠 初期母兔	妊娠后期母兔 泌乳带仔母兔	生长兔 肥育兔
消化能/（兆焦/千克）	11.42	12.30 ~ 14.06	14.06
粗蛋白/%	12 ~ 16	17 ~ 18	17 ~ 18
粗纤维/%	12 ~ 14	10 ~ 12	10 ~ 12
粗脂肪/%	2 ~ 4	2 ~ 6	2 ~ 6
钙/%	1.0	1.0 ~ 1.2	1.0 ~ 1.2
磷/%	0.4	0.4 ~ 0.8	0.4 ~ 0.8
镁/%	0.25	0.25	0.25
钾/%	1.0	1.5	1.5
锰/（毫克/千克）	30	50	50
锌/（毫克/千克）	20	30	30
铁/（毫克/千克）	100	100	100
铜/（毫克/千克）	10	10	10
食盐/%	0.5	0.65	0.65
蛋氨酸＋胱氨酸/%	0.5	0.5	0.5
赖氨酸/%	0.6	0.8	0.8
精氨酸/%	0.6	0.8	0.8
维生素 A/国际单位	8 000	9 000	9 000
维生素 D/（毫克/千克）	1 000	1 000	1 000
维生素 E/（毫克/千克）	20	40	40
维生素 K/（毫克/千克）	1.0	1.0	1.0
维生素 B_6/（毫克/千克）	1.0	1.0	1.0
维生素 B_{12}/（毫克/千克）	10	10	10
烟酸/（毫克/千克）	30	50	50
胆碱/（毫克/千克）	1 300	1 300	1 300

3. 著名的法国营养学家 F. Lebas 推荐的家兔饲养标准 (表5-3)●

表5-3 著名的法国营养学家 F. Lebas 推荐的家兔饲养标准

营养指标	4~12 周龄 生长兔	成年兔 (包括公兔)	妊娠兔	泌乳兔	肥育兔
消化能/(兆焦/千克)	10.46	9.20	10.46	11.3	10.46
代谢能/(兆焦/千克)	10.00	8.86	10.00	10.88	10.00
粗蛋白/%	15	18	18	18	17
粗纤维/%	14	15~16	14	12	14
非消化粗纤维/%	12	13	12	10	12
粗脂肪/%	3	3	3	5	3
钙/%	0.5	0.6	0.8	1.1	1.1
磷/%	0.3	0.4	0.5	0.8	0.8
钾/%	0.8	—	0.9	0.9	0.9
钠/%	0.4	—	0.4	0.4	0.4
氯/%	0.4	—	0.4	0.4	0.4
镁/%	0.03	—	0.04	0.04	0.04
硫/%	0.04	—	—	—	0.04
钴/(毫克/千克)	1	—	—	—	1
铜/(毫克/千克)	5	—	—	—	5
锌/(毫克/千克)	50	—	70	70	70
铁/(毫克/千克)	50	50	50	50	50
锰/(毫克/千克)	8.5	2.5	2.5	2.5	8.5
碘/(毫克/千克)	0.2	0.2	0.2	0.2	0.2
含硫氨基酸/%	0.5	—	—	0.6	0.55
赖氨酸/%	0.6	—	—	0.75	0.7
精氨酸/%	0.9	—	—	0.8	0.9
苏氨酸/%	0.55	—	—	0.7	0.6

（续表）

营养指标	4~12周龄 生长兔	成年兔 （包括公兔）	妊娠兔	泌乳兔	肥育兔
色氨酸/%	0.18	—		0.22	0.2
组氨酸/%	0.35	—		0.43	0.4
异亮氨酸/%	0.6	—		0.7	0.65
苯丙氨酸+酪氨酸/%	1.2	—		1.4	1.25
缬氨酸/%	0.7	—		0.85	0.8
亮氨酸/%	1.5	—		1.25	1.2
维生素A/国际单位	6 000	—	12 000	12 000	10 000
胡萝卜素/（毫克/千克）	0.83	—	0.83	0.83	0.83
维生素D（国际单位）	900	—	900	900	900
维生素E/（毫克/千克）	50	50	50	50	50
维生素K/（毫克/千克）	—	—	2	2	2
维生素C/（毫克/千克）	—	—			
维生素B$_1$/（毫克/千克）	2	—			2
维生素B$_2$/（毫克/千克）	6	—			4
维生素B$_6$/（毫克/千克）	40	—			2
维生素B$_{12}$/（毫克/千克）	0.01	—			
叶酸/（毫克/千克）	1	—			
泛酸/（毫克/千克）	20	—			

●4. 河北农业大学山区研究所推荐的獭兔全价饲料营养含量指标（表5-4)●

表5-4　河北农业大学山区研究所推荐的獭兔全价饲料营养含量指标

营养指标	1~3月 生长獭兔	4月~出栏 商品獭兔	妊娠兔	哺乳兔	维持兔
消化能/（兆焦/千克）	10.40	9~10.46	10.46	9~10.46	9.00
粗蛋白/%	16~17	15~16	17~18	15~16	13

（续表）

营养指标	1～3月 生长獭兔	4月～出栏 商品獭兔	妊娠兔	哺乳兔	维持兔
粗纤维/%	12～14	13～15	12～14	14～16	15～18
粗脂肪/%	3	3	3	3	3
钙/%	0.85	0.65	1.1	0.80	0.40
磷/%	0.40	0.35	0.70	0.45	0.30
铜/（毫克/千克）	20	10	20	10	5
铁/（毫克/千克）	70	50	100	50	50
锰/（毫克/千克）	10	4	10	4	2.5
锌/（毫克/千克）	70	70	70	70	25
钴/（毫克/千克）	0.15	0.10	0.15	0.10	0.10
硒/（毫克/千克）	0.25	0.20	0.20	0.20	0.10
碘/（毫克/千克）	0.20	0.20	0.20	0.20	0.10
赖氨酸/%	0.80	0.65	0.90	0.60	0.40
含硫氨基酸/%	0.60	0.60	0.60	0.50	0.40
食盐/%	0.3～0.5	0.3～0.5	0.3～0.5	0.3～0.5	0.3～0.5
维生素 A/国际单位	10 000	8 000	12 000	12 000	5 000
维生素 D/国际单位	900	900	900	900	900
维生素 E/（毫克/千克）	50	50	50	50	25
维生素 k/（毫克/千克）	2	2	2	2	0
维生素 B_{12}/（毫克/千克）	0.02	0.01	0.02	0.01	0
硫胺素/（毫克/千克）	2	0	2	0	0
核黄素/（毫克/千克）	6	0	6	0	0
泛酸/（毫克/千克）	50	20	50	20	0
吡哆醇/（毫克/千克）	2	2	2	2	0
烟酸/（毫克/千克）	50	50	50	50	0
胆碱/（毫克/千克）	1 000	1 000	1 000	1 000	0
生物素/（毫克/千克）	0.2	0.2	0.2	0.2	0

●5. 四川省草原科学研究院獭兔原种场推荐的獭兔日粮参考标准●

成年兔：消化能 10.4 兆焦/千克，蛋白质 16.5% ~ 17.5%，粗纤维 12% ~ 14%，粗脂肪 2% ~ 3%，钙 0.6%，磷 0.4%，含硫氨基酸 0.6%。

生长兔：消化能 10.4 兆焦/千克，蛋白质 17% ~ 18%，粗纤维 12% ~ 14%，粗脂肪 3% ~ 5%，钙 1.0%，磷 0.6%，含硫氨基酸 0.8%。

●6. 南京农业大学等单位推荐的家兔饲养标准（表5-5)●

表5-5　南京农业大学等单位推荐的家兔饲养标准

营养指标	生长兔		妊娠兔	哺乳兔	生长肥育兔
	3~12周龄	12周龄后			
消化能/（兆焦/千克）	12.12	11.29~10.45	10.45	10.87~11.29	12.12
粗蛋白/%	18	16	15	18	18~16
粗纤维/%	8~10	10~14	10~14	10~12	8~10
粗脂肪/%	2~3	2~3	2~3	2~3	2~5
钙/%	0.9~1.1	0.5~0.7	0.5~0.7	0.8~1.1	1.0
磷/%	0.5~0.7	0.3~0.5	0.3~0.5	0.5~0.8	0.5
铜/（毫克/千克）	15	15	10	10	20
铁/（毫克/千克）	100	50	50	100	100
锰/（毫克/千克）	15	10	10	10	15
锌/（毫克/千克）	70	40	40	40	40
镁/（毫克/千克）	300~400	300~400	300~400	300~400	300~400
碘/（毫克/千克）	0.2	0.2	0.2	0.2	0.2
赖氨酸/%	0.9~1.0	0.7~0.9	0.7~0.9	0.8~1.0	1.0
胱氨酸+蛋氨酸/%	0.7	0.6~0.7	0.6~0.7	0.6~0.7	0.4~0.7

（续表）

营养指标	生长兔		妊娠兔	哺乳兔	生 长 肥育兔
	3～12周龄	12周龄后			
精氨酸/%	0.8～0.9	0.6～0.8	0.6～0.8	0.6～0.8	0.5
食盐/%	0.5	0.5	0.5	0.5～0.7	0.5
维生素 A/国际单位	6 000～10 000	6 000～10 000	6 000～10 000	8 000～10 000	8 000
维生素 D/国际单位	1 000	1 000	1 000	1 000	1 000

二、日粮的配合

日粮配合的原则如下。

①科学性和先进性。

②经济性原则。

③灵活性。

④适口性。

⑤多样性和廉价性。

⑥稳定性。

⑦安全合法性。

三、配方实例

● 1. 仔幼兔饲料配方 ●

玉米 22.5% 、麦麸 20% 、统糠 4% 、豆粕 17% 、苜蓿草粉 30% 、油枯 2% 、磷酸氢钙 1% 、钙粉 2% 、盐 0.5% 、添

加剂 1% 。

● 2. 青年兔饲料配方 ●

玉米 20% 、麦麸 23% 、统糠 5% 、豆粕 14% 、苜蓿草粉 32% 、油枯 2% 、磷酸氢钙 1% 、钙粉 1.5% 、盐 0.5% 、添加剂 1% 。

● 3. 种兔饲料配方 ●

玉米 18% 、麦麸 22% 、统糠 5% 、豆粕 13% 、苜蓿草粉 33.5% 、油枯 4% 、磷酸氢钙 1% 、钙粉 2% 、盐 0.5% 、添加剂 1% 。

第二节　饲养管理原则

一、饲养管理的科学依据

● 1. 饲养管理的好坏是养獭兔成败的关键 ●

獭兔的饲养管理是根据獭兔的生理要求、生活习性，养好兔、管好兔的一门科学。獭兔饲养管理的好与坏，不仅影响产品的产量和质量，对大小兔的成活、种兔的繁殖都有很大的影响。如果饲养管理不当，即使有优良的品种，丰富的饲料，漂亮的兔笼兔舍，也会导致獭兔生长发育不良，抗病力差，饲料浪费，品种退化，繁殖成活率低，甚至疫病爆发，造成重大的经济损失。从这个意义上讲，养獭兔是成功还是失败，在很大程度上取决于饲养管理。对獭兔实行科学的饲养管理，是发挥獭兔良种的生产潜力，提高养獭兔效益关键技术之一。

獭兔的不同年龄、性别和生产目的，在不同季节、不同饲养环境条件下，在饲养管理上都有不同的要求和特点。现代养兔科学已根据这些特点，制定出科学的饲养管理方法。大量实践证明，要养好兔，实现兔群优质高产、效益好，獭兔的生产管理者、饲养者都必须掌握并认真实行先进的饲养管理技术。

●2. 夜里给獭兔添草加料很重要●

獭兔的祖先，是一种会打洞，白天躲在洞里睡觉，夜里外出寻食的穴兔。今天獭兔已改为人工饲养，主要在白天喂料。但獭兔的生活习惯仍未完全改变。如让獭兔自由采食，在夜间的采食量可达70%以上。大家知道"多吃多长"的道理，对獭兔也一样。俗话说"马无夜草不肥"，从獭兔的生活习惯也很适用。所以，对獭兔除白天按时喂料、喂草，让其自由饮水外，有条件的兔场在晚9点后再给獭兔加1次草。

●3. 獭兔胆小怕惊，突然惊吓会带来恶果●

獭兔是弱小动物，胆子很小，突然的惊吓或强烈的噪声，轻者引起獭兔紧张不安，食欲减退，怀孕母兔流产，母兔拒绝喂奶，甚至咬死仔兔；重者还会导致獭兔因被吓破"胆"而突然尖叫死亡。由此可见，保持兔舍的安静十分重要。首先，獭兔舍不宜建在噪音大的地方，应禁止在兔舍附近燃放烟花爆竹，禁止非饲养人员或其他畜禽进入兔舍。其次，要求兔场的饲养管理人员，除进兔舍喂料、加水、配种、清扫等动作要轻快外，应避免在舍内大声喧哗或使笼具突然发出大的声响。

● 4. 獭兔同性好斗实行单笼喂养 ●

獭兔由于群居性差，群养时，同性成年兔常发生互斗和咬伤，这样造成獭兔商品皮质量下降，还会导致种兔丧失种用价值。所以，种獭兔实行单笼喂养，3 月龄后的獭兔按性别分笼喂养。

● 5. 养獭兔离不开草 ●

獭兔具有一个大容量的胃和发达的盲肠。獭兔不仅能采食占自身体重 10% ~ 30% 的饲草，并能从粗纤维含量较高、质量较差的饲草中充分利用所需要的营养物质，尤其是蛋白质。同时，在獭兔的胃、肠中有足够的粗纤维，还能减少胃肠机能紊乱引发的消化不良和肠炎的发生，对维护獭兔的正常消化机能有不可忽视的作用。所以，无论从降低养兔成本、提高经济效益或从减少獭兔消化道疾病等，切不可忘记喂兔离不开"草"。这"草"包括青草、干草、树叶和部分农副产物秸秆及秕壳等。

● 6. 獭兔会啃笼具 ●

獭兔的门齿与老鼠一样，有不断磨损不断生长的特点，常啃硬东西来磨牙齿。一些用竹、木材制作的兔笼、产仔箱、食槽、草架常常被啃坏，还会误认为缺乏某种矿物微量元素。而在一些用金属、水泥砖石制作笼具的兔场，会见到个别兔子的上下门齿长出口腔外，变成"獠牙"，影响采食而认为是"怪物"不吉利。因此，养獭兔的笼具要注意坚固耐用，提倡用颗粒料喂兔或在成年兔笼内放入无毒的树枝条让兔啃食。

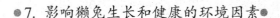

● 7. 影响獭兔生长和健康的环境因素 ●

獭兔的生产性能主要指生长发育、饲料消耗、繁殖产仔、产肉、毛皮品质等方面的性能。生产性能发挥是否充分，除决定于品种的好坏，饲料营养水平的高低外，还有一个重要前提，是獭兔的健康。所谓健康，有一个最科学又形象的解释，既把兔子的机体与所在的环境比作一架天平上的两个托盘，当机体与环境之间达到完全平衡时，獭兔就处于健康状态。当机体与环境失去平衡，轻者影响獭兔各种生产性能的发挥，出现减产减收；重者打破平衡，完全丧失其生产性能，獭兔就会患病甚至死亡。而影响獭兔生产的环境因素有舍内的空气、温度、气流、有害气体（如氨味）含量、粉尘、光照及噪声、病原微生物的污染等。养獭兔想得到理想的效益回报，创造良好的环境条件十分重要。

● 8. 温度和湿度对獭兔影响大 ●

獭兔全身被毛浓密，只有在鼻端有汗腺。所以，不能依靠"出汗"，而是以呼吸散热为主要方式来维持其体温的平衡。獭兔的临界温度是 5～30℃，最适温度 15～25℃。当舍内温度超过 30℃，仔兔成活率降低，胚胎死亡率增高；公兔精液质量下降，配怀率下降；獭兔食欲减退，生长缓慢，毛皮质量受到不同程度的影响。

獭兔最适宜的温、湿度，30 日龄前的仔兔 20～32℃；60 日龄前的幼兔 18～30℃；成年兔 15～25℃。在适宜的温度范围内，日温差稍大对兔体有良好的刺激作用，可增强机体活力，有利于獭兔健康和提高生产力。但温度不宜骤降，否则会引起感冒。舍内的空气湿度以保持在 60% ~70% 为宜。

●9. 有害气体和粉尘对獭兔有害●

兔舍内的有害气体，主要是氨气、硫化氢和二氧化碳。粉尘主要来自舍内外的灰尘和直接采食干的粉料。空气中有害气体浓度氨气大于 30 毫克/升，硫化氢高于 10 毫克/升、二氧化碳超过 3 500 毫克/升时，都会对獭兔鼻黏膜、眼黏膜产生强刺激，极易引发獭兔鼻炎、眼结膜炎等疾病，对成兔造成严重危害。所以应经常保持兔舍内清洁干燥，及时清除粪尿，特别是兔尿，通风透气良好；喂粉状饲料必须拌湿，有害气体和粉尘最简单的测定方法是凭人嗅觉的感觉，当人进入兔舍感到空气新鲜，无刺鼻的怪味，就表明舍内有害气体和粉尘含量基本符合卫生要求。

●10. 獭兔适宜的光照与风速●

獭兔对光照并不敏感，但光照时间太短，强度不够，会影响种公兔、种母兔的性欲和受胎率。光照时间过长、辐射过强对獭兔养皮不利。阳光直射，阳光辐射过量，会影响獭兔，尤其是白色獭兔的健康与繁殖。一般情况下，种兔每日应保证 12 ~16 小时光照，生产商品獭兔以 8 ~10 小时为宜。若采用人工光照，每平方米兔舍面积 4 瓦（白炽灯泡 4 瓦）即可。

舍内的风速（气流速度）与排除有害气体、粉尘和调节舍内温、湿度直接相关。风速过大过小都容易导致兔群发生呼吸道疾病。以空气流量保持在千克体重 1 ~3 立方米/小时；兔体附近风速在 0. 25 ~0. 3 米/秒为宜，最大不能超过 0. 5 米/秒。

二、饲养管理的一般原则

● 1. 配合饲料与青粗饲料合理搭配 ●

獭兔的日粮结构如何搭配能满足其生产大量皮毛、肉产品所需要的营养物质，又能充分利用獭兔的食草性，降低饲养成本，增加收益，这是现代养獭兔人的追求。我国传统饲养方法，日粮全部采用青粗饲料，结果只能维持低水平生产；在欧美发达的一些国家，实行工厂化养兔，日粮趋向全价配合饲料颗粒化，付出较高的饲养成本。

根据獭兔的生产和生活特性，以及养殖规模的大小不同，合理搭配配合饲料与青粗饲料的比例，以获取养殖利益的最大化。中小养殖场及有牧草种植条件的场户，可以对种兔及70日龄以上的幼兔和青年兔搭配一定比例的青粗饲料；中等以上的养殖场及无牧草种植条件的养殖场户可直接饲喂獭兔全价颗粒饲料。

● 2. 少食多餐合理搭配 ●

獭兔采食具有多餐习性，一天可采食 30 ~ 40 次，日采食的次数、间隔时间与采食的数量、给饲喂方法及气温等因素有直接影响。以青饲料、干草为主的日粮，獭兔采食的次数及总量，均高于精料颗粒料；如果日喂 1 次，采食量会减少，而采用獭兔自由采食的方法，日采食量可提高 90%。

科学养兔可采用自由采食（任吃）和少食多餐限量的饲喂方法。自由采食，可提高日采食量和增重，节省劳力，宜在集约化兔场采用。但自由采食一般只适用于全价颗粒饲料，饲料消耗较多，成本较高。实行少食多餐限量方法，有利于提高饲料报酬，降低饲养成本，但必须坚持定时定量的原则，即定饲料种类、定饲喂次数、定时间、定顺序和定数量。根据我国獭兔生产实际，农村养獭兔获得优质皮，以采用多餐限量饲喂方法为好。一般要求日喂 3 次。仔、幼兔以少吃多餐为宜。精、青、粗料可单独或交叉投喂，也可同时拌和喂给。

不同种类的饲料对獭兔有不同营养作用。通过对獭兔消化生理的深入研究探明，干草类粗饲料与大麦等精料通过兔胃肠道的速度差导较大，分别为 3.5 小时和 11 小时左右，青饲料和含有草粉的獭兔颗粒饲料，通过肠道的时间居中。实践证明，1 天喂给的精料，尤其是玉米过多，不仅会造成浪费，还容易导致兔胃肠发酵，引起鼓胀、拉稀等消化道疾病；相反，若日喂过多低浓度、大体积的青、粗饲料，则不能满足獭兔生长、繁殖、产肉、产皮毛的合理需要量。

● 3. 定时定量 ●

獭兔是比较贪食的，定时、定量就是饲喂獭兔要有一定的次数、分量和时间。若不定时给料，就会打乱进食规律，引起消化机能紊乱，造成消化不良，易患肠胃病，使兔的生长发育迟滞，体质衰弱。特别是幼兔，当消化道发炎时，其肠壁变得可渗透，容易引起中毒。所以，我们要根据兔的品种、体型大小、吃食情况、季节、气候、粪便情况来定时、定量给料和作好饲料的干湿搭配。例如，幼兔消化力弱，食量少，生产发育快，就必须多喂几次，每次给的分量要少些，做到少食多餐。夏季中午炎热，兔的食欲降低，早晚凉爽，兔的胃口较好，给料时要掌握中餐精而少，晚餐吃得饱，早餐吃得早。冬季夜长日短，要掌握晚餐吃精而饱，中午吃得少，早餐喂得早。雨季水多湿度大，要多喂干料，适当喂些精料，以免引起腹泻。粪便太干时，应多喂多汁饲料；粪便稀时，应多喂干料。

● 4. 饲料调制更换要逐渐增减 ●

根据獭兔上述生活习性及生理特点，为了改善饲料的适口性，增加采食量，提高利用率，减少浪费，各类饲料在喂兔前应进行科学的配合和调制，加工成颗粒，当饲料改变时，新换的饲料量要逐渐增加，逐步过渡，循序渐进，使兔的消化机能与新的饲料条件逐渐相适应起来。若饲料突然改变，容易引起家兔的肠胃病而使食量下降甚至绝食。

● 5. 切实注意饲料品质 ●

各类饲料都应注意品质，做到"五不喂"，一是有毒有害的饲料不喂；二是带泥带露水的饲料不喂；三是发霉变质饲料不喂；四是刚施洒过农药的饲料不喂；五是受霜冻损害的饲料不喂。

● 6. 给足饮水 ●

水对成年兔、青年兔、甚至仔兔均具有极为重要的作用。缺水不仅会严重影响獭兔的生长、繁殖、产皮毛、哺乳等生产性能，甚至引起死亡。每天的喂水量可根据獭兔的年龄、生理状态、季节和日粮的构成而定，幼龄兔处于生长发育旺盛期，饮水量要高于成年兔；妊娠母兔需水量增加，必须供应新鲜饮水，母兔产前、产后易感口渴，饮水不足易发生残食或咬死仔兔现象。一般每只体重在 3 ~ 5 千克的獭兔需要饮水 400 毫升。饮水必须保证清洁，最好是保证 24 小时不断水。使用颗粒饲料喂兔的规模化兔场，兔舍安装供水系统应每笼安装兔用乳头式自动饮水器；农村的广大獭兔养户（场）也可采用自动饮水系统或就地取材制作饮水器，如瓦罐、石碗、竹槽、瓷盅等，随时供给清洁饮水。

● 7. 营造良好的环境条件，提高獭兔抵抗力 ●

獭兔胆小易受惊、听觉灵敏，经常竖耳听声，倘有骚动，则惊慌失措，乱窜不安，尤其在分娩、哺乳和配种时影响更大，所以在管理上应轻巧、细致，保持安静环境。同时，还要注意防御敌害，如狗、猫、鼬、鼠、蛇的侵袭。

同时应注意卫生、保持干燥，每天需打扫兔笼，清除粪便，洗刷饲具，勤换垫草，定期消毒，经常保持兔舍清洁、干燥，使病原微生物无法滋生繁殖，这是增强兔的体质、预防疾病的必不可少的措施，也是饲养管理上一项经常化的管理程序。

● 8. 做好夏季防暑、冬季防寒、雨季防潮 ●

獭兔怕热，舍温超过 25℃ 即食欲下降，影响繁殖。因此，夏季应做好防暑工作，兔舍门窗应打开，以利通风降温，兔舍周围宜植树、搭葡萄架、种南瓜或丝瓜等饲料作物进行遮阳。如气温过热，舍内温度超过 30℃ 时，应在兔笼周围洒凉水降温。同时喂给清洁饮水，水内加少许食盐，以补充兔体内盐分的消耗。寒冷对家兔也有影响，舍温降至 15℃ 以下即影响繁殖。因此冬季要防寒，要加强保温措施。雨季是家兔一年中发病和死亡率高的季节，此时应特别注意舍内干燥，垫草应勤换，兔舍地面应勤扫，在地面上撒石灰或很干的焦

泥灰，以吸湿气，保持干燥。

●9. 要实行分群饲养管理●

　　獭兔从年龄的大小可划分为仔兔、幼兔、青年兔和成年兔；从生产用兔可划分为商品兔和种用兔。由于各处在不同生长发育阶段，各具生理或生产特点，对饲养管理要求也不同。所以为了更好地发挥不同类群兔的生长发育及生产潜力，必须实行分群饲养，饲养管理人员应采用不同的饲养管理技术，进行专人管理。

　　对3月龄前的幼兔和商品兔，可实行群养。但獭兔与獭兔、毛兔不能混养。为使幼兔能正常生长，保证每只兔采食和饮水，应按日龄大小和个体强弱实行分群；繁殖种兔，后备兔、商品兔，必须实行单笼饲养，这是提高獭兔毛皮质量，实行科学配种繁殖的基本保证。

●10. 建立严格的防疫制度●

　　疫病预防是提高养獭兔效益的重要保证。无论是养兔场或专业户，严格防疫制度就成为加强獭兔饲养管理的重要环节。一般建立的防疫制度，包括獭兔引种、病兔隔离、定期消毒、定期进行兔群健康检查、预防接种疫苗或投药、加强进出兔舍人员管理等。要求管理人员和饲养员都要严格遵守。

第三节　常规管理技术

一、捉兔方法

　　捉兔是管理上最常用的手段，如果方法不对，伸手抓住两只耳朵或背腰皮肤、甚至抓着后腿倒拉倒提，就会造成不良后果，因为獭兔耳大多是软骨，它承受不了全身重量。而耳朵的神经、血管丰富，用力抓住两耳会使兔子因感疼痛而挣扎，容易造成耳根损伤下垂。獭兔有跳跃向上的习惯，倒提势必使其挣扎向上，可导致脑充血死亡。提其腰部会损伤皮下组织或内脏，影响健康。

正确捉獭兔的方法是先从头向顺毛被方向抚摸獭兔使其勿受惊，然后一手抓住颈后部皮肤及双耳，另一手迅速托住兔的臀部轻轻提起，让兔体重量主要落在人的手上，并使兔四脚朝前。这样既不伤兔，又可防止兔抓伤人。

二、年龄鉴别

青年兔趾爪平直，短而藏于脚毛之中，颜色红多于白；眼睛明亮有神，毛被光滑且富有弹性，门齿短小，洁白而整齐。老年兔则趾爪粗长，爪尖弯曲，颜色白多于红；眼神无光，门齿暗黄，排列不整齐，常有破损现象；皮厚松弛，肉髯肥大，行动迟缓。1 岁左右的壮年兔，上述特征介于两者之间。

三、性别鉴定

● 1. 仔兔的性别鉴定 ●

主要根据阴部的孔洞形状和距肛门的远近来区别。孔洞呈扁形，距肛门较近者为母兔，孔洞呈圆形，距肛门较远者为公兔。

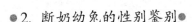

●**2. 断奶幼兔的性别鉴别**●

　　主要观察外生殖器。将幼兔腹部向上，用手轻压阴部开口处两侧皮肤，母兔呈"V"字形，下边裂缝延至肛门，没有突起；公兔呈"O"字形，并可翻出圆柱状突起。

第四节　獭兔饲养日程

一、春秋季饲喂日程

　　见表5－6。

表5－6　春秋季饲喂日程

时　间	工作任务	备　注
6～7点	饲喂草料、饮水	夏天打开窗户，观察兔的食欲，粪便
7～8点	仔兔哺乳、配种	观察母兔乳头及仔兔的吃乳情况
8～11点	清洁、消毒、免疫	按预防制度消毒
15～16点	配种母兔进行复配	冬天开窗户
17～18点	饲喂草料、饮水	给仔兔添草
20～21点	兔舍巡视	开闭窗户
21：30点	给仔幼兔添饲料	

二、夏季饲喂日程

　　见表5－7。

表5－7　夏季饲喂日程

时　间	工作任务	备　注
5～6点	饲喂草料、饮水	夏天打开窗户，观察兔的食欲，粪便
6～7点	仔兔哺乳、配种	观察母兔乳头及仔兔的吃乳情况
7～11：30点	清洁、消毒、免疫	按预防制度消毒

（续表）

时　间	工作任务	备　注
17～18点	配种母兔进行复配	冬天开窗户
18～19点	饲喂草料、饮水	给仔兔添草
21～22点	兔舍巡视	开闭窗户
23点	给仔幼兔添饲料	

三、冬季饲喂日程

见表5-8。

表5-8　冬季饲喂日程

时　间	工作任务	备　注
7～8点	饲喂草料、饮水	夏天打开窗户，观察兔的食欲，粪便
8～9点	仔兔哺乳、配种	观察母兔乳头及仔兔的吃乳情况
9～11：30点	清洁、消毒、免疫	按预防制度消毒
14～15点	配种母兔进行复配	冬天开窗户
16～17点	饲喂草料、饮水	给仔兔添草
19～20点	兔舍巡视	开闭窗户
21点	给仔幼兔添饲料	

第五节　不同阶段獭兔的饲养管理

一、仔兔的饲养管理

仔兔是指从出生到断奶这一时期的小兔。仔兔器官发育不全，调节功能差，适应能力弱，故新生仔兔不容易饲养。加强仔兔的管理，提高成活率，是仔兔饲养管理的目的。根

据仔兔的生理特点，可分为睡眠期、开眼期和断奶期。

● 1. 睡眠期 ●

从仔兔出生到 12 日龄左右为睡眠期。仔兔出生时体表无毛，眼睛和耳朵关闭。出生后第 4 天才有茸毛长出，第 8 天耳朵张开，第 12 天开眼。该期饲养仅是哺乳，仔兔完全依赖母乳生活，如果护理不当，很容易死亡。

（1）饲养方面　在这个时期内饲养管理的重点是早吃奶，吃足奶。初生仔兔的体重一般在 50 克左右，在仔兔出生后 10 小时内，应保证初生仔兔早吃初奶、吃足奶。睡眠期的仔兔只要能吃饱奶、睡好，生长发育就正常。

据薛帮群报道，早上哺乳和晚上哺乳没有差别，说明养兔场也可以实行晚上哺乳。仔兔生长发育与母兔的泌乳能力有关，母兔泌乳能力与饲养水平有关，在某个时期仔兔的日增重突然上升或者突然下降，就是由于母兔的饲养水平及仔兔的哺乳时间不定时而受到一定影响。因此，加强母兔的饲养管理和定时进行哺乳，才能稳定提高仔兔生长速度。

（2）管理方面

①做好仔兔寄养。生产中，母兔胎产仔数多少不一。少则 1~2 只，多则 10 多只。多产的母兔乳汁不够供给仔兔，仔兔发育迟缓，体况瘦弱，易患病死亡；少产的母兔泌乳量过剩，仔兔吮乳过量，引起消化不良，甚至腹泻死亡。在这种情况下，应当采取调整仔兔的措施。对同时分娩或分娩时间先后不超过 2~3 天的仔兔整合成一窝，调整时，将调整仔兔与入群仔兔混合后哺乳。

一般每窝仔兔以 6~8 只比较适宜，及时对过多或过少的仔兔进行调整。产仔多找不到寄养保姆兔，也可将一窝分成二窝，体质强壮的分成一窝，体质弱的分成一窝，或者将体况较差的仔兔弃掉。上午喂体质弱的一窝，下午喂体质强壮的一窝。调整寄养仔兔应注意：两只母兔和它们的仔兔都应健康；被调仔兔的日龄、个体大小与寄养母兔的仔兔大致相同；切忌被调仔兔在当日喂奶前调整，以防母兔拒哺调入仔兔。

②实行强制哺乳。有些母兔母性不强，尤其是初产母兔，产仔后拒绝哺乳，使仔兔缺奶挨饿，如不及时处理，就会导致仔兔死亡。强制哺乳是将母兔固定在产仔箱内，使其保持安静，然后将仔兔安放在母兔乳头旁，让其自由吸吮，每天进行 1~2 次，连续 3~5 天，大多数母兔就会自动哺乳。

③人工哺乳。如果仔兔出生后母兔死亡、无奶或患乳房炎等疾病不能哺乳又无适当母兔寄养时，可采取人工哺乳。可用牛奶等代替（1 周内加水 1~1.5 倍，1 周后加水 1/3，2 周后可用全奶），也可用豆浆、米汤加适量食盐代替，温度保持在 37~38℃。饲喂时可用玻璃滴管或注射器，任其自由吸吮。

④防寒保暖、防止鼠害。睡眠期的管理主要是注意保温和防止鼠害。仔兔出生时体温调节机能不健全，对外界环境温度要求较高，仔兔保温室的温度最好能保持在 15~20℃，窝内温度 30℃以上。冬天用棉布或厚一点的东西盖住产仔箱，铺好草，用红外线灯照射，产于窝外的仔兔受冻后应立即抢救，可放在红外线下烤，也可置于 42℃温水浸泡，待仔兔皮肤转红时即可。夏季常用手拨动仔兔，防止因温度太高而引

起热窝死亡。

仔兔出生后 4~5 天内最易遭受鼠害，有时会发生全窝仔兔被老鼠吞食。应特别注意舍内灭鼠，兔窝、兔笼封严防止老鼠侵入。在无法堵笼、堵窝洞的情况下，可将产仔箱统一编号，晚间集中防护，白天送回原笼，定时哺乳。

● 2. 开眼期 ●

仔兔出生 12 天左右开眼，从开眼到断乳这段时间称为开眼期，这是养好仔兔的第 2 个关键时期。

（1）饲养方面　随着仔兔的生长，仅靠母乳不能完全满足仔兔对营养的需求，必须给仔兔补料。大多数仔兔 14 日龄之前 100% 的营养是从母乳中获得，仔兔 18 日龄左右开始采食。仔兔开始食量很少，这时是应激反应多发阶段。补料的最佳时间，即 16~21 日龄为试吃饲料阶段，22 日龄以后为仔兔补料阶段，补料量的多少视仔兔进食情况而定。补料要营养全面易消化，适口性好，加工细致，一般含粗蛋白质17%~19%，消化能 10.4~11.5 兆焦/千克，粗纤维 10%~12%，任其自由采食。逐渐减少哺乳次数，增加喂料量，少喂多餐，供足饮水，使仔兔逐步适应独立生活的外部环境。并要经常检查产仔箱，及时更换垫草，淘汰弱小仔兔。补饲持续到 35 日龄左右，补饲时应少给勤添。补料既可以满足仔兔营养需要，又可锻炼仔兔肠胃消化功能，使仔兔安全渡过断奶关。

（2）管理方面　开眼期的仔兔是比较难养的时期，在管理上应当重点抓好以下几项工作。

①发育好、健康的仔兔开眼时间较早，反之则迟。如果

仔兔至 14 日龄还未开眼，说明没有吃到乳、吃的乳稀且质量差、有炎症等。饲养员要逐个进行检查，发现开眼不全的，可用清水清洗封住眼睛的黏液，帮助开眼。

②仔兔开眼后，精神振奋，会在产仔箱内往返蹦跳，跳出产仔箱外活动，叫做出窝。出窝的迟早，依母乳多少而定，母乳少的早出窝，母乳多的迟出窝。

③仔兔开食后最好与母兔分笼饲养，每天哺乳 1 次，这样可使仔兔采食均匀，安静休息，减少接触母兔粪便的机会，以防感染球虫病。

④仔兔开食后粪便增多，此时仔兔不宜喂给含水分高的青绿饲料，否则容易引起腹泻、胀肚而死亡。

● 3. 断奶期 ●

仔兔断奶的日龄，应根据饲养水平、繁殖制度、仔兔生长情况以及品种、用途、季节气候等不同情况而定。仔兔一般 35 日龄左右就可以进行断奶。

（1）断奶方法　仔兔断奶时，要根据全窝仔兔个体大小、体质强弱而定。若全窝仔兔生长发育均匀，体质强壮，可采用渐进性一次断奶法，即 35 日龄后就开始减少母仔接触的次数，并降低母兔的营养水平，减少泌乳量直至断奶。40 日龄后，体质强壮、采食好的仔兔，完全断奶。如果全窝仔兔体况强弱、大小不一，生长发育不均匀，可采用分期断奶法。即先将个体大、体况好的实施断奶，个体小、体弱的继续哺乳几天后再进行断奶。体弱仔兔多留在母兔身边 1 周左右。

断奶时，采取母去仔留的方法，以防环境骤变发生应激反应。仔兔断奶后的第 1 周补饲料占 80% 左右，饲草采用优

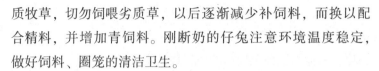

质牧草，切勿饲喂劣质草，以后逐渐减少补饲料，而换以配合精料，并增加青饲料。刚断奶的仔兔注意环境温度稳定，做好饲料、圈笼的清洁卫生。

（2）仔兔应激反应　断奶时应采用离奶不离笼的办法，尽量做到环境、饲料、管理三不变，以防发生各种不利的应激反应。为尽可能减少应激反应，应做到以下几点。

①环境不变。让断奶仔兔留在原笼饲养 1～2 周后再行移笼，以减少环境变化和断奶同时进行使仔兔产生的应激，避免影响其生长，处理不当会引起仔兔应激死亡。

②饲料不变。断奶前就应补给断奶后所采用的饲料，这样仔兔就不会因急剧改变饲料而降低食欲或引起消化不良。

③人员不变。原饲养人员，继续喂养，不更换。

（3）注意事项及急救措施

①要注意防止仔兔意外伤害。仔兔异常活跃，哺乳后，仔兔易从产仔箱内跳出，易被笼底板缝隙将腿夹伤引起骨折，如不及时发现，易被踏死、饿死、冻死。

②如果发现母兔产仔时，未将仔兔产在产仔箱内，导致仔兔受冻或掉到粪沟被粪污时，应马上将仔兔全身浸入 40℃温水中，露出口鼻呼吸，10 分钟左右便可使被救仔兔复活，待皮肤红润后即擦干身体放回产仔箱。

③掉出产仔箱的仔兔，容易受冻或掉到粪沟淹死，当发现仔兔掉离产仔箱时应马上将仔兔送回箱内。如果仔兔掉入粪沟未冻死的，将仔兔放入 40℃温水清洗，使其全身干燥后送回产仔箱。

④注意检查饮水设施是否畅通，不能缺水。仔兔胃小，

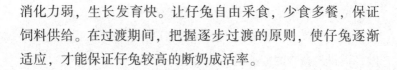

消化力弱，生长发育快。让仔兔自由采食，少食多餐，保证饲料供给。在过渡期间，把握逐步过渡的原则，使仔兔逐渐适应，才能保证仔兔较高的断奶成活率。

二、幼兔的饲养管理

从断奶到 3 月龄的兔称为幼兔。该期是幼兔从哺乳过渡到完全采食饲料的时期，处于第 1 次年龄性换毛和长肌肉、骨骼，也是消化道中微生物群系建立的时期，开始吞食自己软粪阶段。同时，处于生长发育的快速增长期，幼兔需要营养多，但消化机能差，消化器官不适应消化大量饲料，幼兔又贪食，如果饲喂不当，易引起兔子死亡。幼兔饲料要选择体积小、浓度高、易消化的饲料。幼兔阶段若不特别注意饲养管理，死亡率较高。

幼龄期獭兔的管理是兔整个生命阶段的重中之重，要根据本场的情况加强饲养管理，减少死亡，提高成活率，从而提高獭兔养殖整体效益。

● 1. 合理饲喂 ●

幼兔阶段是兔子一生中增重最快的时期，日增重可达 15～25 克，最高可达 30 克以上。据李立冰实验，幼兔 35～70 日龄时，日增重较快，但死亡率也较高。因为幼兔的消化系统发育尚不完善，特别是肠道内还未形成正常的微生物群系，对食物的消化能力弱，而此时幼兔食欲旺盛，往往由于贪吃而引起消化紊乱和腹泻。因此，在饲喂时一般使用人工颗粒饲料自由采食的办法，要求做到定时少喂多餐。40～60 日龄为幼兔过渡适应阶段，实行早上和下午 2 次饲喂幼兔饲料，以八成饱为度；60～90 日龄为幼兔稳定阶段，可适当补喂少量含水分低的青草，草质要求细嫩，饲料中粗饲料比例不宜过大。

断奶后 1～2 周内，要继续饲喂补料，随着幼兔的生长发育，耐粗饲能力逐渐增强，逐渐过渡到幼兔料，更换饲料要逐渐过渡，逐渐加大青饲料喂量，以防因突然变料而导致消化系统疾病。为了促进幼兔生长，提高饲料消化率，降低发病率，幼兔日粮一定要新鲜、清洁、体积小、适口性好、营养全面。特别是蛋白质、维生素、矿物质要供给充分，同时添加一些氨基酸、酶制剂和抗生素等。

幼兔日常饲养管理中，保证干草不间断。干草不间断能使幼兔随机体需求获取最适宜的粗纤维，达到最佳增重、最低死亡率的效果。当粗纤维过低时，家兔易发生消化紊乱、腹泻、肠炎，生长迟缓，甚至死亡。从仔兔到幼兔，环境也发生很大变化，易发球虫病、大肠杆菌病等。因此，好的饲养管理是预防消化系统疾病的关键。

● 2. 及时分笼 ●

（1）饲养管理　幼兔的管理，应根据性别、体重、体质强弱、日龄大小进行分群饲养。仔兔断奶 7 天后，即进入幼兔分群饲养阶段。生产实践表明，分群后 7 天，新的饲养环境会引起幼兔生理和行为上的不适应，抗病力也会有所降低，不同窝的幼兔合群后将通过自身适应性调整，重新建立各自在这个新群体的相互关系。同时，幼兔的吃、喝、拉、睡四点定位也是在这 7 天完成的，这些都需要消耗大量的能量。为保证幼兔顺利分群，应认真做好以下几点。

①尽可能使分群前的环境温度和新环境的温度接近。

②先用原来的饲料饲喂一段时间，待兔群的一切状况都稳定下来以后再逐渐换成幼兔期生长的饲料。

③幼兔混群后常会出现斗殴现象，故对幼兔要按日龄大小、身体强弱分成小群，笼养每笼4~5只，占面积0.5平方米，有利于采食和运动；群养时每群8~10只组成小群，在饲养管理上可采用单笼或原窝同笼饲养的方法。以生长发育良好的为一群，发育差的为另一群，这样就能规避强欺弱等各种不应有的伤害。饲养密度过大、群体过大会造成拥挤、采食不均而影响生长发育，环境也容易脏污，使幼兔抵抗力下降。

④幼兔移笼前，要统一编制耳号。编制耳号可用防伪耳标，也可用耳号钳针刺，后者较经济，生产中常用。并详细记录编制耳号，作为系谱资料。

（2）提高成活率　幼兔养殖中存在的主要问题是幼兔死亡率高。全国幼兔的死亡率为30%~50%，严重影响养兔业的发展。影响幼兔成活率的另一个因素是腹泻，而兔球虫病是造成腹泻的原因之一。据刘辉等报道，幼兔极易感染球虫病，影响肠道的吸收功能，死亡率最高达80%~90%。

● 3. 定期称量 ●

对用于商品生产的幼獭兔，每15天定期抽样称重；对于种兔场的幼獭兔，应在45日龄、60日龄、90龄称重并进行登记，及时地掌握兔群的生长发育情况，如果体重增加缓慢或不增重，就要及时查明原因，采取相应措施。

● 4. 防寒保暖 ●

幼兔比较敏感，对环境变化尤其敏感，在寒潮等气候突变的时候，给幼兔提供稳定舒适的环境条件是降低发病率、促进发育的有效措施。应保持兔舍清洁卫生、环境安静、干燥通风、饲养密度适中，还要防止惊吓、潮湿、风寒和炎热，防止空气污染和鼠害等。夏季应保持兔舍窗户敞开，空气对流，降低兔舍污染气体如氨气的浓度；冬季应在早上敞开对角的窗户，傍晚关上，既保持空气流通又要注意冻伤幼兔。

●5. 疾病预防●

（1）防疫与卫生　幼兔阶段容易引起多种疾病，应将环境消毒、药物预防、疫苗注射及饲养管理相结合。除了按免疫程序分时段注射兔瘟疫苗外，还应注射魏氏梭菌疫苗及波氏－巴氏二联苗。同时搞好笼舍、环境清洁卫生和消毒工作。由于以上几种病原菌产生变异的可能性较大，最好利用本场分离出来的病原菌制作疫苗，以提高免疫效果。在春秋两季，还应注意预防感冒、肺炎和传染性鼻炎等疾病。同时，每天要细心观察幼兔的采食、精神、粪尿等情况，若发现有食欲不振、精神委靡、粪便不正常的幼兔，要及时进行隔离饲养，查明原因，及时治疗。

（2）预防球虫病　每吨饲料添加氯苯胍 150～300 克或地克珠丽（按使用说明添加）抗球虫药，预防球虫病。

三、青年兔的饲养管理

●1. 青年兔●

3～6 月龄的獭兔称青年兔。

●2. 青年兔的饲养管理和注意事项●

①青年兔吃食量大，生长发育快。饲养以青粗饲料为主，适当补充全价颗粒饲料，加强运动。

②青年兔日粮营养要求：消化能 10.5～11.5 兆焦耳/千克，粗蛋白 16%～17%，钙 1%，磷 0.6%，粗纤维 12%～14%。若日粮中粗纤维含量低于 10%，肠炎发病率高，死亡率大，同时易诱发魏氏梭菌病。

③对符合本品种体型外貌特征、生长速度快、发育良好、健康无病的优秀个体公母兔，可选留作后备种兔进行培育。凡不宜留种的公母兔，进行商品生产，达到商品兔标准的商品兔应做到适时出栏。

●3. 选留种兔●

将选留的后备种兔进行精选。选择符合本品种体型外貌特征、被毛浓密、体况优良、健康无病的公母兔留作种用（具体方法参照选种方法）。

●4. 商品兔标准●

饲养时间 5～6 月龄，体重达 2.75～3 千克，被毛平整、丰厚、有光泽。注意獭兔的换毛特点：

（1）年龄性换毛 第 1 次一般在 3 月龄左右，第 2 次在 5 月龄左右。

（2）季节性换毛 一般在春季、秋季换毛。

（3）病理性换毛 如脱毛癣，病理性脱毛或掉毛。

（4）营养性换毛 换毛无规律，经常性换毛。

（5）换毛时间 视营养不同而有差异，一般换毛持续时

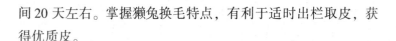

间 20 天左右。掌握獭兔换毛特点，有利于适时出栏取皮，获得优质皮。

四、后备兔的饲养管理

后备兔指 3 月龄至初配阶段留作种用的青年兔。该段时间的兔为选留种用兔、试验动物或育肥兔。饲养上以青粗饲料为主，适当补充精料。作为种用的青年兔在 5 月龄时应控制精料量，预防饲喂过肥。青年兔阶段生长发育很快，此期主要是长骨骼和肌肉的阶段，是比较容易饲养也是容易忽视饲养管理的时期。如果饲养管理过于粗放，青年兔生长缓慢，到适配年龄时达不到标准体重，其繁殖性能则会降低，繁殖力较差。

● 1. 后备兔的选留 ●

后备兔分为纯种后备兔和二元杂种后备兔，后者特指配套系父母代种兔选留的后备兔。后备兔可以从外场引进，也可以进行自群选留（具体方法参照选种方法）。

● 2. 饲养管理 ●

优秀的后备母兔不仅仅依靠选择，更重要的还要依靠饲养管理。青年兔具有生长发育快、体内代谢旺盛、采食量大等特点，抗病力和对粗饲料的消化力已逐渐增强，是比较容易饲养的阶段，但容易忽视饲养管理，往往造成生长发育迟缓或过于肥胖，影响其正常的配种繁殖，导致种用性能下降，品种退化。对符合本品种体型外貌特征、生长速度快、发育良好、健康无病的优秀个体公母兔，可选留作后备种兔，进行培育。凡不宜留种的公母兔，进行商品生产，达到商品兔标准的商品兔应做到适时出栏。

（1）体重控制　种兔体重并非越大越好，控制体重是后备兔管理的要点。成年獭兔体重应控制在 3.5 ~ 4.0 千克，不超过 4.5 千克即可。初配体重，一般生产群只要达到成年体重的 70% 以上即可。对于有生长潜力的后备种兔，要采取前促后控的策略，后期不能使其体重无限生长。一般采取限制饲养的办法，即当达到一定体重后，每天控制喂料量 85% 左右。对于配种期的种兔，要控制膘情，防止过肥。在条件允许的情况下，可适当让后备兔增加运动和多晒太阳。

3 月龄至 4 月龄阶段兔的生长发育依然较为旺盛，骨骼和肌肉尚在继续生长，生殖器官开始发育，应充分利用其生长优势，满足蛋白质、矿物质和维生素等营养的供应，尤其是维生素 A、维生素 D、维生素 E，以形成健壮的体质。4 月龄以后家兔脂肪的沉积能力增强，应适当限制能量饲料的比例，降低精料的饲喂量，增加优质青饲料和干青草的喂量，维持在八分膘情即可，防止体况过肥。

（2）饲料控制　在生产中不能忽视对青年兔的饲养管理。忽视对后备兔的饲养管理，会导致生长缓慢，到配种年龄时，由于发育差，达不到标准体重，勉强配种，所生仔兔发育也差。但后备兔正是生长发育的旺盛时期，4 月龄以后脂肪的沉积能力增强，为了防止其过于肥胖，适当控制能量饲料。后备兔日粮营养要求：消化能 10 ~ 11 兆焦耳/千克，粗蛋白15.5% ~ 17%，钙 1%，磷 0.6%，粗纤维 12% ~ 14%。若日粮中，粗纤维含量低于 10%，则肠炎发病率高，死亡率大，同时易诱发魏氏梭菌病。

（3）饲养控制

①及时分笼。3月龄左右，家兔的生殖器官开始发育，特别是成年体重偏小的中小型兔，公母兔已经发育了一段时间，如果公母兔集中在同一个笼内饲养，容易导致公母兔间的早交乱配。同时，随着生殖系统的发育，家兔同性好斗的特点表现得更为明显，同性特别是公兔间的打斗不仅消耗体能，更容易造成双方身体上的残缺，丧失种用性能，因此，3月龄后公母兔都要实行单笼饲养。

②疫病防治。由于后备阶段，獭兔消化道已经发育完全，死亡率降低，抵抗力增加，对粗放型饲养的耐受力提高。因此，容易造成后备兔不发病的错觉，特别是规模较小的养殖户，在管理上最容易忽视对后备兔的疫病特别是兔瘟、巴氏杆菌病等的防治工作。为提高后备兔的育成率，除严格执行兔的免疫程序和预防投药外，同样还要做好日常的消毒工作和冬、夏季的防寒保暖防暑降温工作，以使后备兔安全进入繁殖期。

③初配控制。为了防止青年兔的早配、乱配，从3月龄开始就必须将公母兔分开饲养。对4月龄以上的青年兔进行1次选择，把生长发育优良、健康无病、符合种兔要求的留作种用，最好单笼饲养。从6月龄开始应训练公兔进行配种，一般每周交配1次，以提高早熟性和增强性欲。

为使初配月龄和初配体重相符合，进行后备兔的体重控制非常必要，除了采取前促后控的饲养措施外，最好每个月进行1次称重，对达不到标准体重的进行加大喂料量，而对

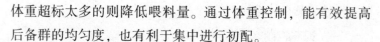
体重超标太多的则降低喂料量。通过体重控制，能有效提高后备群的均匀度，也有利于集中进行初配。

总之，后备兔培育得好坏，不仅影响头胎的产仔数和初生重，还会影响其终生的繁殖成绩，从而影响养兔生产效益。选留优秀的后备兔并辅以科学的饲养管理，是提高和挖掘兔场生产潜力的前提，也是兔场高效生产、持久稳定的基础保障之一。

■ 五、种母兔的饲养管理

种母兔是兔群的基础，发展獭兔生产，必须加强对空怀、妊娠和哺乳母兔的饲养管理。根据各阶段的特点，在饲养管理上采取不同的措施。

● 1. 空怀母兔的饲养管理 ●

母兔空怀期指仔兔断奶后到再次配种怀孕的一段时期。空怀母兔经过28～40天的哺乳，体内消耗大量的养分，体质较弱，需要各种营养物质来补偿和提高其健康水平。该期的饲养主要体现在恢复母兔体质、迅速调整膘情、促使其尽快发情、早日配种和提高配种率几个方面，为下一次配种做好准备。

（1）注意空怀母兔体况　空怀母兔不能过肥或过瘦，适当调整日粮中蛋白质和碳水化合物比例。过肥的母兔要减少精料喂量，过瘦的母兔应增加精料喂量。母兔若饲喂过肥，生殖道四周沉积大量脂肪，阻碍卵泡发育，造成不孕。

（2）调整饲料营养　空怀期一般10～15天，饲养上以优质青绿饲料为主，适当补充精料。母兔空怀阶段，可以优质青饲料为主，搭配适量的全价颗粒饲料。青绿饲料每日500克以上，任其自由采食，精料根据膘情添加，补充量为75～100克。为防母兔过于肥胖，使母兔能正常发情、排卵和妊娠，降低胚胎在附植前后的损失，母兔在自由采食颗粒饲料时，每只每天的饲喂量不超过140克；混合饲喂时，补喂的精料混合料或颗粒饲料每只每天不超过50克。

（3）观察母兔发情征兆　保持圈舍空气流通，增加光照，注意观察发情，检查膘情。仔细观察空怀期母兔的发情征兆，适时配种。对长期不发情的母兔可采用性诱导法，即采用与公兔就近关养或将母兔放入公兔笼内，经过相互追逐、爬跨等刺激后，仍将母兔移回原笼。如此经2～3次后，可诱发母兔分泌性激素，促使其发情、排卵。

● 2. 妊娠母兔的饲养管理 ●

母兔从配种怀胎到产仔的这一段时期称妊娠期。此期的饲养管理主要是以下3方面。

（1）供给充足的优质饲料　根据胎儿的发育规律，90%的重量是在怀孕18天后形成。特别在妊娠15天之后，更应注意饲料的质量，保证营养的需要，以保证胚胎的正常发育，防止母兔产奶不足。妊娠期要供给母兔全面充足的营养物质，但是，如果营养供给过多，母兔过度肥胖，胎儿的着床数和产后泌乳量减少。据实验，在配种后第9天观察受精卵的着床数，结果高营养水平饲养的家兔胚胎死亡率为44%，而正常营养水平饲养的只有18%。在产前3天，则要适时减少精料，增加青料，供给充足干净饮水，防止乳房炎和难产。所以，保持母兔妊娠后期的适当营养水平，对增进母体健康、提高泌乳量、促进胎儿和仔兔的生长发育有关键作用。

①早期胚胎期。指怀孕后的 1~12 天。此期由于胚胎较小，增长的速度较慢，故需要的热量和营养物质与正常家兔相同，一般不需要给母兔准备特别的饲料。但是，初孕时期，孕兔有食欲不振的妊娠反应，因而，在这个阶段应调配些适口性好的饲料，原则上应富于营养、容易消化、量少质优、防止过饱。

②中期胎前期。指怀孕后 13~18 天。这个时期胎儿生长发育逐渐加快。需要各种营养物质，此期间母兔的基础代谢可比正常兔增加 12%~22%。这个时期除要增加饲料的供给量之外，还要注意提高饲料的质量，应补充热量高、营养丰富、易于消化的饲料。除不断喂些青绿饲料外，还需补充鱼粉、豆粕、骨粉等。如果母兔营养不良，则会引起死胎、产弱仔、胎儿发育不良及造成母兔缺奶，仔兔生活力不强，成活率低。

③末期胎儿期。指怀孕后 19~30 天。在这个时期胎儿的发育日趋成熟，对各种营养物质的需求量更多。此期间怀孕母兔对营养物质的需要量相当于平时的一倍半。要注意饲料的多样化，营养要均衡。要注意钙、铁、磷等微量元素的补充。要按科学饲料配方进行全价饲喂。母兔临产前 2~3 天，多喂些优质青绿多汁饲料，适当减少精料。

（2）及时进行妊娠检查　为防止母兔空怀，需要对交配后的母兔及时进行妊娠检查。

（3）防止流产　母兔流产一般发生在孕后 15~25 天，造成流产的原因可分为机械性、营养性和疾病等。

①机械性流产。摸胎检查不规范，动作粗暴，挤压胎儿；随意捕捉怀孕母兔，使其受到惊吓；公、母兔混群饲养，怀孕母兔经常受到公兔的追逐、爬跨等，常可造成机械性流产。

②营养性流产。长期饲喂品种单一、营养差的饲料，使怀孕母兔体质瘦弱；怀孕期间饲喂冰冻或发霉变质饲料；饮用不洁的水；突然变更饲料，增加应激等，均可造成营养性流产。

③疾病性流产。多因巴氏杆菌、沙门氏杆菌等病引起流产。

因此，母兔怀孕后，因胎儿增长压迫胃，使胃肠容积变小，要求饲料清洁新鲜，营养全面，易消化。不能突然变更饲料，不能饲喂霉烂、变质、冰冻饲料。加强饲养管理，不要随意捕捉怀孕母兔，摸胎动作要轻，公、母兔单笼饲养，防止挤压。发生流产症状后及时检查母兔腹内是否还有胎儿，进行清宫处理。

母兔出现隐性流产时，通过摸胎检查确实受孕，但在怀孕前期胚胎死亡，胚胎和胎盘均被母兔自体吸收，所以临床上表现为腹围不增大、乳头不肿胀、预产期到了不产仔，而且还发情参加配种。产出死胎的情况临床上最多见，怀孕前期、后期都可发生，表现为母兔不时低头看腹部，有腹痛现象，情绪不安，有的母兔发生努责，阴道内流出暗红色黏液，产出死胎。怀孕后期，由于各种原因造成胎儿死亡，摸胎检查没有胎动，子宫颈口无变化，这时需要人工助产以产出死胎。

(4) 妊娠母兔的护理 对妊娠母兔的饲养管理，在于保证胎儿的正常发育，避免因饲养管理不当，造成化胎和死胎现象。

母兔的妊娠期平均为 31 天，变动范围为 30～32 天。一般产仔多的常提前，产仔少的常推后，妊娠期与产仔数呈负相关。妊娠母兔对营养的要求，随着怀孕的天数增加而逐渐加多，特别是在怀孕后期不但需要的量大，营养水平也相应要高一些。日粮中矿物质饲料和维生素饲料供应不足，不仅影响胎儿的正常发育，也会引起母兔产后泌乳不足。

①临产管理。獭兔的妊娠期为 29～34 天（平均 31 天），一般在临产前 3～4 天就要准备好产仔箱，清洗消毒后在箱底铺上一层晒干敲软的稻草。冬季要防寒保暖，室内气温不低于 10℃，夏季通风良好，做好防暑工作。为了便于管理，大规模养兔应做到使母兔集中配种，然后将母兔集中到相近的兔笼产仔。母兔在临产前不吃食，阴门红肿，将腹部及乳房附近的毛拉下，铺在窝内做窝。有的初产母兔不知拉毛，只要人工帮它拉一下，自己就会拉毛。也有少数母兔，人工帮助拉毛后扔不拉毛，产前应把乳头周围的毛人工拔下。拉毛能刺激泌乳，并使仔兔易找到乳头。

②接产。怀孕母兔分娩多在早晨或夜间进行。在产仔时注意安静，生产笼内光线不能过强。在分娩时，母兔头部频频向后看，边分娩边咬断脐带，吃掉胎衣，同时舔净仔兔身上的血迹黏液，整个分娩过程一般持续在 20～30 分钟。

母兔产后急需饮水，因此，在母兔临产前必须供水充足，避免母兔因口渴而发生吃仔兔现象。母兔产仔之后要及时检查、整理产仔箱，清除污毛、血草；清点仔兔，如发现死胎、畸形胎，应立即清除，并将仔兔用毛盖好。产期应注意有专人负责管理，冬季要注意保温，夏季要注意防暑。

●3. 哺乳母兔的饲养管理●

母兔自分娩到仔兔断奶这段时期称为哺乳期。哺乳期一般为30~42天。哺乳期是负担最重的时期，母兔主要生理机能是泌乳和怀孕，其饲养管理好坏直接关系到母兔的健康和仔兔的生长发育。

（1）保证营养供给

①饲喂青料。母兔分娩后1~3天，分泌乳汁较少，且消化机能尚未完全恢复，食欲不振，体质较弱。此时，饲料喂量不宜太多，应以青饲料为主。每日饲喂易消化精料50~75克，5天后喂量逐渐增加，1周后恢复正常喂量。在保证青饲料的前提下，精料逐渐增加到150~200克，达到哺乳母兔饲养标准。饲喂全价颗粒饲料的兔场，分娩5天后基本上可采取自由采食方式饲养。母兔采食越多，泌乳量越大。

②增加营养。一般母兔分娩后随着时间的延长，泌乳量逐渐增加，18~21天达到高峰，哺乳期每天可泌乳60~150克，泌乳高峰期可达200克左右，高产母兔每天泌乳可达150~250克，最高可达300克以上。21天后泌乳量逐渐下降，30天后迅速下降。与牛羊奶相比，兔奶中的蛋白质、脂肪含量高3倍多，矿物质高2倍多。母兔泌乳消耗大量的营养物质，特别是蛋白质和矿物质，其消耗必须从饲料中获得补充，否则，动用体内贮存的养分来泌乳，造成母体体重下降，损害母体健康，造成泌乳减少。饲养上供给营养丰富的

饲料，日粮蛋白质水平应达 17% ~ 18%，除青绿多汁饲料自由采食外，还应补充精料。

（2）勤查母兔泌乳情况

①检查哺乳。据生产实践，母兔的泌乳量多与胎次有关，一般第 1 胎泌乳量较低，2 胎后逐渐增加，3 ~ 5 胎较多，10 胎前相对稳定，12 胎后明显下降。母兔乳汁富含蛋白质、脂肪、乳糖和灰分，母兔泌乳量的高低则与仔兔健康密切相关。所以，在母兔分娩后要及时检查其泌乳情况，一般可通过仔兔的表现反映出来。

哺乳后，若仔兔腹部胀圆，皮肤红润光亮，安睡少动，则母兔泌乳力强；若仔兔腹部空扁，皮肤灰暗无光，皱褶多，乱爬乱抓，时有"吱吱"叫声，则母兔无乳或有乳不哺。

若产仔箱内尿水多，说明母兔饲料中水分太多，仔兔粪多则母兔饲料中水分不足。根据以上情况调整饲料，母兔乳汁不足进行催乳，除增加精粗饲料外，还可补加煮熟并浸泡的黄豆（10 ~ 20 粒/天）催乳。

②人工哺乳。若母兔有乳不哺，可人工强制哺乳。具体方法为：每天早晨（或定时）将母兔提出笼外，伏于产仔箱中，使其保持安静，将仔兔分别安放在母兔的每个乳头旁；嘴顶母兔乳头，让其自由吮乳，每天 2 次，3 天后改变为每天 1 次，连续 3 ~ 5 天，母兔即可主动哺乳。

③乳房炎的预防。发现奶水过多，应及时地排出，或哺乳其他奶水不足的仔兔；仔兔少，乳汁多，可适当减少精料和青绿多汁饲料，保证营养供给，并及时调整精料喂量，应使笼具光滑、清洁、卫生，可避免乳房炎的发生。母兔产仔

后易被细菌感染发生乳房炎，应在产仔后 1～2 天，注射 1 次大黄藤素或连续饲喂磺胺类药物，或复方新诺明等药物。经常检查母兔的乳房情况，如发现乳房有硬块、红肿应及时冷敷，每天 2～3 次用青链霉素、抗生素药物治疗。

（3）适时配种　配种方式有频密繁殖、半频密繁殖（产后 7～14 天配种）和延期繁殖（断奶后再配种）3 种。在饲养管理条件好的兔场可实行频密繁殖，频密繁殖又称"血配"，即母兔在产仔当天或第 2 天就配种，泌乳与怀孕同时进行。采用此法，繁殖速度快，适用于年轻体壮的母兔，主要用于生产商品兔，对种用獭兔则不宜产仔过密。采用频密繁殖一定要用优质的饲料来满足母兔的营养需要，同时加强饲养管理，在生产中，可根据母兔体况、饲养条件、环境条件综合起来考虑，将 3 种配种方式交替采用。频密繁殖和半频密繁殖制度对母兔的要求高，利用强度大，需要有充分的营养和完善的技术管理作为支撑。不具备条件的兔场不宜采用。在我国多数兔场，仍应以常规繁殖为主。母兔产仔 12 天左右，应观察母兔发情征兆，适时配种。一般商品兔生产可采用产后 10 天或 16 天左右交叉配种；种兔生产可采用产后 16 天左右或仔兔断奶后配种为宜，不宜"血配"。

（4）仔兔适时断奶　母仔分笼饲养，为防止不弄错母仔窝别，应在产仔箱上注明母兔编号。产仔后期母兔配种受孕后，为保证下一胎胎儿正常生长发育所需营养，以配种时间确定仔兔断奶时间，仔兔一般在 35 日龄断奶为宜。不宜过早或过迟断奶，断奶采用渐进式断奶，即仔兔哺乳到 30 天后，每间隔 1～2 天哺乳一次，直到断奶。

六、种公兔的饲养管理

俗语说"母兔好，好一窝；公兔好，好一坡"，种公兔在兔群中的比例虽然较小，但对整个兔群的生产性能和品质高低起到决定性作用。种公兔的饲养目的是配种，不但要求种公兔符合该品种的特征、特性，而且要求其生长发育良好，体格健壮，性欲旺盛，精液品质高，常年保持中等或中等偏上体况。除遗传因素外，饲养管理、营养、环境等诸多客观因素都会不同程度影响种公兔的繁殖能力。

● 1. 饲料营养要全面均衡 ●

种公兔日粮中的营养成分，尤其是蛋白质、维生素和矿物质等对保证精液品质有重要作用。

公兔精液中的干物质及与性活动有关的各种腺体分泌物中的主要成分是由蛋白质构成的，故精液质量与饲料中蛋白质的质量关系极为密切。日粮中蛋白质充足时，种公兔的性欲旺盛，精液品质好，不仅一次射精量大，而且精子密度大、活力强，母兔受胎率高。日粮中的动物性蛋白饲料能够显著提高精子的活力和受精能力，所以种公兔的日粮中除添加豆粕、苜蓿等植物性蛋白饲料外，还要喂给鱼粉、血粉等动物性蛋白饲料（在日粮中的比例一般不超过5%）。

日粮中维生素水平，如维生素 A、维生素 E 等与种公兔的性欲和精液品质密切相关。维生素 A 缺乏时，会引起公兔精子数减少，畸形精子数增多。因此，对于规模型兔场，饲喂全价配合饲料时，一定要注意青绿饲草等富含维生素的饲料或维生素类添加剂的添加。对于小规模兔场，可适当补充青绿饲料，冬季青绿饲料少，容易出现维生素缺乏症。

矿物质中的磷是精液组成中所必需的物质，故要注意日粮中添加糠皮等含磷饲料。日粮中缺钙时，精子发育不全，活力降低，公兔四肢无力。饲粮中加入2%的骨粉即可满足公兔对钙的需要。但要有合理的钙、磷比例，一般以（1.5～2）：1为最佳。锌对精子成熟有重要作用。缺锌时，精子活力降低，畸形精子增多。

另外，对种公兔的饲养，要考虑到日粮中营养的长期性。因为精细胞的发育过程需要一个较长的时间，饲料变动对精液品质的影响很缓慢，对精液品质不好的种公兔改用优质饲料来提高精液品质时，需要长达20天左右才能见效。因此，对一个时期集中使用的种公兔，在配种前20天左右就应调整日粮，达到营养价值高、营养物质全面、适口性好的要求。

在种公兔饲养管理上，要合理调配日粮，采用高蛋白、低脂肪饲料配方，不宜喂过多能量和体积大的秸秆粗饲料，或含水分高的多汁饲料，要多喂含粗蛋白质和维生素类的饲料，保持种公兔适宜的体况。种公兔可以通过对其采食量和采食时间的限制而进行限制饲养，在喂给混合料时，每天补给的混合精料或颗粒料不超过50克；自由采食颗粒料时，每只兔每天的饲喂量不超过150克，同时每天食槽中有料时间不超过5小时，其余时间只给饮水。

●2. 合理安排配种●

（1）配种准备期

①种公兔饲养方式。单笼饲喂，笼底板要结实、光滑，

有一定的活动空间。

②检查种公兔月龄。初配年龄 6~7 月龄，体重达到成年种公兔体重的 80% 为宜。

③检查公兔生殖器官。两个睾丸大小匀称，无单睾、隐睾，有条件的可采精液进行精子活力检查。

④检查公兔换毛情况。换毛期已过。种公兔在换毛季节（春秋两季）不宜配种。

⑤检查公兔健康状况。公兔体质健壮，食欲佳，性欲强，无皮肤、生殖器疾病，粪便正常。

⑥补喂适量的青绿饲料。给种公兔添加青绿饲料，青绿饲料不足的养殖场应添加维生素 A、维生素 E 等复合维生素添加剂。

（2）配种期

①补充营养。适当增加精料喂量，或添加适量的蛋白质饲料。不宜喂给过多的低浓度、大体积、多水分的粗饲料和多汁饲料。

②种公兔体况。种公兔不宜过肥过瘦，保持中等体况。

③公母兔比例。商品獭兔场或专业户以 1:（8~10）为宜；种獭兔场以 1:（4~5）为宜。若采用人工授精可减少公兔的数量。

④配种强度。在配种旺季，不能过度使用公兔，种公兔每天最多配种 2 次。青年公兔 1 天配种 1 次，连用 2~3 天，休息 1 天；成年公兔 1 天配种 1 次，1 周休息 1 天，或 1 天配种 2 次，连用 2~3 天，休息 1 天。每天配种 2 次时，间隔时间至少应在 4 小时以上。1 个月以上未交配的公兔，应作 2~

3 次无效交配后再使用。种兔生产不宜采用双重配种，可采取重复配种，以免血缘混杂。

⑤配种方法。配种时一定要把母兔捉到公兔笼内，切勿把公兔捉到母兔笼内，每天配种 1 次或配种 2 次，上、下午各 1 次或第 2 天上午重复 1 次，配种间隔时间以 8～10 小时为宜。

⑥配种季节。春、秋两季是最佳的配种季节。冬季配种时，上午可将时间推迟到 9～10 点，下午可提前到 5～6 点；夏季配种时，上午可提前到 6～7 点，下午可推迟到 8～9 点。

⑦作好配种记录。在种公兔的引进与选留时应结合其父母、半同胞、同胞的生产成绩，对其作详细、全面的检查，以得到准确的评分。有条件的兔场应该建立健全种兔的系谱资料，避免近亲交配而导致的生殖器官畸形和性腺发育不全。配种时，一定要按配种计划进行，不能乱交滥配。记录配种公兔耳号、笼号，与配母兔耳号、笼号及配种时间。

● 3. 饲养管理要精心 ●

（1）控制体重 种公兔的种用价值不是看其外表，而是看它是否将其优良的品质遗传给后代，即其配种能力的高低。种兔体型过大会出现的问题主要有：

①体型过大发生脚皮炎的概率增大。

②体型过大性情懒惰，反应迟钝，配种能力下降，配种占用时间长，迟迟不能交配成功。

③体型越大，消耗的营养越多，经济上也不合算。

④体型越大，种用寿命越短。

控制种公兔体重是一个技术性很强的工作，应在选种后备期开始，配种期坚持，采取限饲的方法，禁止其自由采食。但也切忌喂给适口性差、容积大、水分过多或难以消化的饲料，如配种期玉米等高能量饲料喂得过多，会造成种公兔过肥，导致性欲减退，精液品质下降，影响配种受胎率；饲喂大量体积大、多水分的饲料，导致腹部下垂，配种难度大。正确的方法是饲料质量要高，但平时应控制在八分饱，在休情期饲料不宜过好，以防体况过肥。

（2）控制初配时间　如果过早配种，不仅影响其自身生长发育，还影响后代的质量，减少公兔的使用寿命，造成早衰。一般来说，3月龄以后，应及时将留种的后备公兔单笼饲养，做到1兔1笼，将那些不留种的公兔及时出售。一般认为公兔体重达到成年体重80%以上时可达到合适配种的初配月龄。通常种公兔利用年限为2.5～3年，饲养管理水平高可延至4年，以后随年龄增长，性欲、精液品质、交配能力逐渐下降，所以应对年龄过大的种公兔及时淘汰。穆秀明等认为不同年龄阶段种公兔精液品质有差别，2～3岁精子活力和密度显著优于其他年龄组，而1～2岁时精子畸形率显著低于其他年龄，因此以2岁的公兔精子为最佳。

（3）控制环境　种公兔群是兔场最优秀的群体，应特殊照顾，给其提供理想的生活环境（清洁卫生、干燥、凉爽、安静等），减少应激因素，适当增加其活动空间。

①环境适宜。獭兔的生物学临界温度为5～30℃，适宜温度为18～25℃。当室温超过30℃时，种兔食欲下降，性欲减退；而35～37℃短暂周期性自然高温就能使公兔精液品质下降，并且破坏精子的形成，甚至出现无精子精液。室温低于

5℃也会使种兔性欲减退。根据程德元观察，在炎热季节，公兔睾丸体积缩小达60%，导致公兔睾丸机能障碍，其恢复时间较长，一般需1.5~2个月的时间。在严寒季节，母兔一般不发情，公兔厌烦交配。所以，要根据当地的气候条件和兔场的保温降温设施，合理安排配种季节与交配时间。

②适当运动，足够休息。管理上，选作种用的公兔在3月龄时应单笼饲养，防止相互间发生撕咬、打斗、早配，影响生长发育和公兔的品质。公、母兔笼应有一定距离，避免因异性刺激而影响休息。种公兔每天可在户外运动1~2小时，接受日光浴，增强体质。运动能使种公兔身体强壮，激发其性机能，从而产生强烈的交配欲。防暑是夏季养好公兔的首要任务。有条件的兔场，在盛夏可将全场种公兔集中在空调室内饲养，以备秋季有良好的配种效果。禁止两只种公兔同笼饲养，也不应将种公兔与母兔或其他兔同笼饲养，公兔笼最好远离母兔笼，以保证公兔充分休息，减少体力消耗。

（4）控制疾病　兔笼应保持清洁干燥，经常洗刷消毒。除常规的疫病防治外，还要特别注意对种公兔生殖器官疾病的诊治，如公兔的阴茎炎、睾丸炎或附睾炎等，对患有生殖器官疾病的种兔要及时治疗或淘汰。

第六节　商品獭兔快速出栏方案

一、合理的营养供给

獭兔属皮用兔，养獭兔的目的在于获得优质的獭兔皮。

同时，也获得兔肉。在饲养上应保持中等偏上的营养水平，不宜过分追求其生长速度。因为过高的营养供给会使獭兔过早达到屠宰体重，而兔龄过小（4月龄以下），板皮质量差，不宜制作裘皮产品。所以，獭兔的饲养应在保证蛋白质和氨基酸供给的前提下，适当控制能量水平和精料的进食量。獭兔合理的营养供给最好的方式是采用配合饲料饲喂，配合饲料是根据不同品种、生理阶段、生产目的和生产水平等对营养的需要和各种饲料的有效成分含量把多种饲料原料按照科学配方配制而成的全价饲料。利用配合饲料喂獭兔，能最大限度地发挥兔子的生产潜力，提高饲料利用率，降低成本，提高养殖效率。

二、高效的饲养管理

高效的饲养管理应根据獭兔不同年龄、性别和生产目的，在不同季节、不同饲养环境条件下，针对獭兔的阶段特点采取不同的饲养管理方式。獭兔不同阶段有不同生理特点，针对其特点制定详细的管理计划及注意事项，并在生产中灵活应用，为獭兔提供良好的环境及生长条件，在注重产量、生长速度的同时，又不忽视品质。总的来说，要达到高效的饲养管理应做到以下几个方面：一是针对獭兔不同阶段生理特点提供相应的环境条件；二是设计建造科学合理的兔笼舍，购买或制作设计合理使用方便的附属设备；三是制定高效的繁育和繁殖方案；四是制定不同阶段獭兔饲养管理程序；五是制定科学合理的疫病防疫程序；六是制定合理的突发情况应急处理预案。

三、科学的繁殖模式

饲养獭兔的目的主要是为获取高质量的毛皮，而皮张质量的优劣直接受养殖时间和季节的影响。獭兔取皮年龄一般不应小于 5 月龄，季节以冬季取皮最好。因此，对商品獭兔生产的繁殖以适时取皮为目标，采用半密集和延期繁殖交叉的繁殖模式为宜。半密集繁殖是指在母兔产仔后 8 ~ 16 天，对母兔进行配种繁殖。延期繁殖是指仔兔断奶后，才配种繁殖下一胎。半密集和延期繁殖交叉进行既保证了母兔的体况，又能保证产仔数量。同时针对獭兔冬皮质量较好的特点，可尽量将配种繁殖时间集中在每年 4 ~ 9 月，这样能保证出栏时间基本集中在冬春季。

四、适宜的出栏屠宰时间

獭兔的出栏与獭兔不同，后者只要达到一定体重，有较理想的肉质和产肉率即可出栏，很少考虑其皮张质量如何。因为獭兔的主产品是兔肉，副产品是兔皮等。獭兔不同，其主产品是兔皮，副产品是兔肉和其他。因此，出栏屠宰时间以皮张和被毛质量为依据。

獭兔具有换毛性，又分年龄性换毛和季节性换毛。前者指出生后小兔到 6 月龄之间进行的年龄性换毛，后者指 6 月龄以后的獭兔 1 年中在春秋两季分别进行的 1 次季节性换毛。在换毛期是绝对不能屠宰取皮的。因此，獭兔的屠宰应错开换毛期。

獭兔皮板和被毛需经过一定的发育期方可成熟。被毛成熟的标志是被毛长齐，密度大，毛纤维附着结实，不易脱落；皮板成熟的标志是达到一定的厚度，具有相当的韧性和耐磨力。也就是说，在被毛和皮板任何一种没有达到成熟时，均不能屠宰。

商品獭兔在 5 月龄以上时，皮板和被毛均已成熟，是屠宰取皮的最佳时机，提前和错后都不利。对于淘汰的成年种兔，只要错过春秋换毛季节即可。但母兔应在小兔断奶一定时间，腹部被毛长齐后再淘汰。傅祥超等通过从獭兔毛囊发育、换毛规律、生长发育、季节等 4 个层次系统地研究了獭兔皮毛的发育和影响规律，结果表明：随着獭兔周龄增大皮张合级率上升，到 23 周龄开始进入平台期，在不同季节对应各年龄春季皮张面积最大，其他季节差异不大，被毛密度冬季最好，19 周龄在任何季节都不适合屠宰，21 周龄在秋冬季节虽然皮张合级率不是最好，但考虑成本可以开始部分出栏，其他季节均要达到 23 周龄出栏是最佳的时间。

第六章　獭兔常见病诊治与预防

第一节　兔病的预防及免疫程序

一、兔场的卫生防疫制度

●1. 日常的卫生工作●

（1）笼舍清洁卫生　兔舍要保持适宜的温度、湿度，使空气新鲜干燥，冬天应保暖良好，夏天通风凉爽。经常保持舍、笼、产仔箱、食槽的清洁卫生，每天清除粪便和污物。

（2）搞好环境卫生消灭蚊蝇鼠　消灭蚊、蝇、鼠是防疫卫生的重要环节。蚊、蝇是多种寄生虫或病原微生物的中间宿主或机械的传染媒介。鼠类常是一些病原微生物的宿主和携带者。他们在偷吃饲料时，其排泄物污染饲料、用具和水源，因而传播疫病。为此，要定期进行兔舍周围垃圾和污物的扫除和消毒。粪便、污物应经过生物发酵消毒后才能作肥料。

●2. 建立卫生防疫制度●

①全面认真贯彻《中华人民共和国动物防疫法》，让兔场的管理人员、饲养人员人人皆知。

②在兔场及不同兔舍间，设立药物消毒池或紫外线消毒室，进出人员、技术人员、管理人员和饲养人员，必须更换衣服、鞋帽，经消毒方可入内。不准随意进出，串岗。

③不准在疫区和发病兔场引种，新购进的种兔，需隔离观察 20～30 天，确认无病方可转群混养。商品兔最好自繁自养。病兔严禁出场销售。

④保持笼舍清洁、干燥，天天打扫卫生。定期或不定期对笼具、兔舍进行清洁消毒。每月进行 1 次全场大消毒。

⑤制定兔瘟、兔球虫病、兔疥癣病、巴氏杆菌病的预防注射或药物防治制度（免疫程序）。

⑥建立饲料、饲草及饮水卫生监测制度。禁止使用发霉、酸败、变质的饲草饲料喂兔。

⑦兔场一般应谢绝外人入舍参观。禁止其他畜禽和猫、狗入舍。

⑧坚决执行将病兔隔离，患恶性传染病的病兔淘汰，死兔焚烧或深埋的制度，兔粪尿需经堆积发酵或沼气无害化处理方可出场作肥料使用。

●3. 做好獭兔场（户）日常防疫●

①进入兔场大门侧，设立消毒通道，每幢兔舍门口应设消毒池，每 3～5 天更换 1 次消毒液。

②兔舍每天清扫 1 次粪便，冲洗 1 次粪沟，打扫 1 次卫生。同时，保证兔舍冬暖夏凉，通风良好。

③一切人员入兔舍前要穿好工作服、戴好工作帽和鞋套（工作鞋），经消毒通道紫外线消毒、消毒药水洗手后，方能入舍。

④非饲养人员未经许可不得进入兔舍。严禁兔皮（肉）商贩进入场区。严禁参观。

⑤兔粪应堆积发酵，严禁直接用于兔场种植青饲料肥料。

⑥病死兔应集中深埋或焚烧，严禁乱丢乱扔、取皮或食用。

⑦场内工作人员严禁串用器械等用具，严禁串舍。

⑧兔舍及兔场周边定期消毒。冬天每月消毒 1 次，夏天每半月消毒 1 次。

⑨兔场严禁养狗、鸡、猫等动物，定期灭鼠、灭蚊、灭蝇。

⑩发现病兔及时隔离，并报告兽医诊治。

⑪不喂腐烂、变质、发酵、霜冻、有毒草料及露水草等，保持饮水清洁。

⑫加强獭兔饲养管理，严格按饲养规程操作，提供营养丰富的饲草料，增强兔群的抵抗力。

⑬定时做好兔群免疫接种和药物预防。

⑭引入种兔应隔离观察 30 天，确认健康无病后并群。

二、常用消毒方法

消毒就是迅速消除和杀灭病原微生物。消毒既是预防措施，又是扑灭措施，是保障兔群健康的主要手段和环节。

● 1. 清扫洗刷 ●

这是最基本的消毒方法。及时清扫排除粪尿、污物，洗刷笼具等，可大量清除病原微生物及其赖以生长繁殖的物质基础，并提高其他消毒方法的效果。

● 2. 日光暴晒 ●

阳光中的紫外线对不少病菌具有良好的杀灭作用。兔用产仔箱、笼底板等用具，经暴晒 2～3 小时，可杀灭大部分普通病细菌。这是一种最廉价的消毒方法。

● 3. 火焰燎烤 ●

火焰，尤其是喷灯火焰，温度可达 400～600℃，对病菌、虫卵和病毒均有极强的杀灭作用（图 6 - 1）。主要用于砖、石、金属制兔笼和部分笼具的消毒，但要注意防火。

图 6 - 1　火焰燎烤

4. 蒸煮

经30分钟蒸煮，其热力不仅对物体表面，还可渗透进去杀死一般的病原微生物。该方法可用于医疗器械、食槽、饮水器、部分用具和工作服的消毒。

5. 化学药物

选用合适的消毒药，采用喷洒、洗涤、浸泡、熏蒸等方法，分别用于兔舍、墙地面、笼具、排泄的粪尿污物、舍内空气、甚至兔体的消毒，可达到不同的消毒目的。

6. 常用消毒药

（1）笼舍消毒剂　有10%～20%生石灰乳剂，2%～4%烧碱溶液，5%漂白粉溶液，2%～3%来苏儿，0.5%过氧乙酸溶液和甲醛等，用于墙壁、地板、笼、笼底板、产仔箱、运输器具等的消毒。

（2）适用于獭兔皮肤、伤口的消毒药　有70%的酒精，2%～3%碘酒，0.1%～0.5%高锰酸钾溶液，前两者对细菌、病毒、芽孢菌、真菌和原虫具有强大杀灭作用。主要用于四肢、伤口的消毒；后者主要用于冲洗黏膜、创口和化脓病灶，有消毒和收敛作用。

（3）新型高效消毒药　0.59%菌毒敌是一种广谱、高效、低毒、无腐蚀性的灭菌药。0.02%百毒杀是一种高效、广谱杀菌剂。主要用于笼舍及附属设施、用具，环境的消毒。消毒灵对人畜无害，无刺激和腐蚀性，使用方便，耐储运，对细菌和病毒均有高效杀灭作用。适宜于兔笼、食槽、运输器具和兔体表的消毒。

(4) 常用消毒药用途和用法 见表6-1

表6-1 常用消毒药物

药物名称	制剂规格	用法与用途
来苏儿（煤酚皂溶液）	含50%煤酚	2%水溶液用于手及体表消毒；5%溶液用于兔舍、用具、环境消毒
复合酚（毒菌净、菌毒敌、农乐）	黑褐液体	0.5%~1%用于被病毒、细菌、霉菌等污染的兔舍、笼具、场地的消毒
农福	溶液	1%~3%水溶液用于兔舍喷洒消毒，1.7%用于用具洗涤消毒
福尔马林（甲醛溶液）	含甲醛40%	5%用于喷洒消毒，10%用于固定病料；熏蒸消毒，按每立方米福尔马林15~20毫升，加水20毫升，在火上加热蒸发（或加入高锰酸钾12克使之蒸发），密闭门窗10小时，当其挥发后方可将兔放入兔舍
草木灰水	水浸液	20%~30%水溶液消毒兔舍、地面
石灰乳	10%~20%乳剂	10%~20%石灰乳消毒兔舍地面，也可用干粉铺撒地面
烧碱	含94%氢氧化钠	2%水溶液喷洒消毒兔舍，消毒笼具12小时后用水冲洗
漂白粉	粉剂	5%用于兔舍、排泄物消毒，也可用干燥粉末撒布消毒；饮水消毒，每千克水加入0.3~1.5克漂白粉
过氧乙酸	20%、40%	0.05%~0.5%水溶液用于兔舍、食槽的消毒；熏蒸消毒按1~3克/立方米，稀释为3%消毒时不宜用金属容器，同时人、獭兔均不宜留在室内，消毒人员应做好防护措施
新洁尔灭	1%、5%、10%	0.01%~0.05%水溶液用于黏膜消毒，0.1%用于皮肤消毒（手要浸泡5分钟），手术器械和玻璃搪瓷等器具的消毒（浸泡半小时以上）
洗必泰	白色晶体状	0.05%水溶液用于创面冲洗消毒，0.02%水溶液用于洗手

(续表)

药物名称	制剂规格	用法与用途
消毒宁	白色或微黄色片状结晶	0.02%水溶液用于局部创伤感染湿敷；0.5%水溶液用于皮肤、黏膜消毒；0.05%水溶液用于器械消毒（加亚硝酸钠0.5%，以防生锈）；0.5%溶液用于兔笼带兔消毒
百毒杀	无色无味液体	0.005%～0.01%水溶液用于食具、水槽及饮水消毒；0.03%用于用具和环境消毒；0.05%用于兔笼、兔舍常规消毒
乙醇（酒精）	95%乙醇	用作注射部位、器械和手的消毒。能使细菌蛋白质迅速脱水和凝固，呈现一定的抗菌作用。75%溶液用于术前皮肤消毒
碘酊	2%	外用，有很强的杀菌作用，也能杀死芽孢。用于脓肿等手术前消毒及化脓创治疗
碘甘油	3%	皮肤和伤口外用消毒。治疗口腔内炎症
高锰酸钾	结晶粉剂	黏膜、皮肤、伤口外用消毒，0.1%～0.5%溶液用于冲洗各种黏膜腔道和创伤
硼酸	2%	2%溶液用于眼炎、鼻炎、乳房炎、脚皮炎、皮肤脓肿等冲洗

三、獭兔的主要免疫程序

为了预防獭兔的传染病和非传染病，任何一个养兔场都应加强平常的预防工作。传染病应定期接种疫苗，如兔瘟、兔巴氏杆菌病，可在仔兔断奶时注射兔瘟、巴氏杆菌二联疫（菌）苗。寄生虫病应定期进行预防驱虫，如对兔疥癣病、球虫病等定期检查，定时进行药物驱虫。

獭兔场主要传染病的免疫程序见表6－2：

表6-2　主要传染病的免疫程序

疫病种类	疫（菌）苗种类	兔类型	防疫方法
免疫接种			
兔瘟	兔瘟疫苗	仔兔	断奶，皮下注射2毫升/只，60日龄加强1次，以后每6个月1次
		种兔	皮下注射2毫升/只，每6个月注射1次
巴氏杆菌病	巴氏杆菌苗	仔兔	断奶，皮下注射2毫升/只，以后每6个月1次
		种兔	皮下注射2毫升/只，以后每6个月1次
葡萄球菌病	金色葡萄球菌	种兔	皮下注射2毫升/只，以后每6个月1次
魏氏梭菌病	A型魏氏梭菌苗	仔兔	断奶，皮下注射2毫升/只，以后每6个月1次
		种兔	皮下注射2毫升/只，每6个月1次
波氏杆菌病	波氏杆菌苗	仔兔	断奶，皮下注射2毫升/只，以后每6个月1次
		种兔	皮下注射2毫升/只，每半年1次
大肠杆菌病	大肠杆菌多价苗	仔兔	25日龄首免，断奶后加强1次，每次皮下注射2毫升/只
药物预防			
球虫病		仔幼兔	每1 000千克饲料拌1~2克地克珠利，从18日龄开始，连防45天
		种兔	每年春末夏初一次，用量用法同上，连防15天
疥螨病		各类型兔	每季度，皮下注射伊维菌素按体重0.02毫升/千克，或用0.05%的螨净涂搽四爪和兔耳

第二节 獭兔健康检查和给药方法

一、獭兔的健康检查

獭兔的健康检查是为了及时发现病兔并给以尽早治疗，减少疫病的传播和损失，饲养人员必须掌握獭兔的健康检查技术。所谓健康检查，不是兔病诊断，而是根据大多数疾病都有一定的前期征兆或临床症状，通过对獭兔的体态、食欲、粪尿排泄、体温、呼吸次数等生理状况的异常来观察，识别獭兔的健康与疾病状态的方法。

● 1. 食欲 ●

健康獭兔的食欲很旺盛，在采用定时定量的饲喂方法条件下，最易观察。一般15分钟左右，兔便可吃完每次给的精饲料。如果添料时，兔不靠近饲槽，不跑动，想吃不吃或吃得很少，就是獭兔出现减食或停食现象。除发情母兔或饲粮有变质外，都表明该兔已有病。

● 2. 饮水 ●

成年兔在一般采食颗粒饲料的条件下，日饮水量为300～450毫升，但随气温升高或哺乳而增加。若突然发现獭兔饮水量大增，多是獭兔体温升高的反映。食盐中毒也会发生此种现象。

● 3. 粪便排泄 ●

健康獭兔的粪粒呈椭圆形，表面光滑，有弹性。排粪主要在白昼，尤其是在进食后，成年兔日排粪30余次，约100克。如粪便颗粒变小变尖，干硬无弹性，数量减少，是便结，若长达10小时以上无粪，即可发生便秘。相反，兔粪变稀软，呈串、呈条状，有明显的酸臭味，多为"伤食"。无论是便结、便秘或粪便变软，变形都是消化道疾患的预兆，逐渐发展为肠炎。

●4. 黏膜●

从口、鼻、眼、肛门、阴户等可视黏膜中，检查眼结膜较为方便。健康獭兔眼黏膜呈粉红色，眼角膜光滑透明，炯炯有神。如眼结膜出现发红、苍白，发疳或流泪，有眼屎等现象，均表明该兔有病。

●5. 被毛●

健康獭兔被毛油光、滑顺。而被毛蓬松、直立，发焦无光泽，脊柱骨弯突，为营养缺乏或患慢性病的征兆。

●6. 姿态与运动●

獭兔走动时臀部抬起，轻快敏捷；天气热时躺卧，呈侧卧或伏卧状，四肢伸直。若有神经疾患或器官机能障碍时，会发生跛行或反常站立、伏卧、行走重心前移、摇头、扭颈等异常姿势。

●7. 体温与呼吸●

獭兔正常的体温为38.5~39.5℃，炎热夏天体温可达40℃。检查体温除用体温表测肛门内温度外，可通过观察耳色、触摸耳温更简便。白色健康獭兔耳呈粉红色，耳发红或手握之发烫，是"发烧"的反映。而耳发青、发凉则是病重、体温下降的反映。成年獭兔的呼吸次数为 40 ~ 60 次/分钟。在未受惊的情况下，呼吸加快甚至张口喘气，往往体温升高，脉搏加快，是呼吸系统病的表现。

　　饲养人员应坚持每日扫除前，按上述方法细微观察，发现病兔及时报告，及时隔离。

二、獭兔的给药方法

　　根据病情、药物的性质及獭兔个体的大小等，给药方法可分为口服给药、注射给药、灌肠和局部给药等。

● 1. 口服给药 ●

　　优点是：操作简便，经济安全，适用于多种药物，尤其是治疗消化道疾病的药物。缺点是药物易受胃肠内微环境的影响，药效较慢，药物吸收不完全。口服给药包括以下几种方法：

　　（1）自由采食法　适用于毒性小、适口性好、无不良异味的药物，或兔患病较轻、尚有食欲或饮欲时。应根据采食量、用药量，确定饲料、饮水中的药物浓度。必须将药物均匀地混于饲料或饮水中。本法多用于大群预防性给药或驱虫。

　　（2）投服法　适用于药量小、有异味的片（丸）剂药物，或食欲废绝的病兔。助手保定病兔，操作者一手固定头部并捏住兔面颊使口张开，另一手用镊子或筷子夹住药片，送入患兔会咽部，让兔吞下（图 6 - 2）。

　　（3）灌服法　适用于有异味的药物或食欲废绝的患兔。方法是：将粉状药（片剂应研细）加少量水调匀，用汤匙倒

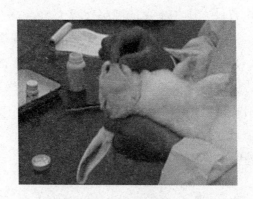

图 6－2　经口投服法

执（用匙柄代替）或注射器、滴管吸取药液，从口角插入，慢慢灌服。切勿灌入气管内，以免造成异物性肺炎。

（4）胃管给服法　一些有异味、毒性较大的药品或病兔拒食时采用此法。由助手保定兔并固定好头部，用开口器（木或竹制，长10厘米，宽1.8～2.2厘米，厚0.5厘米，正中开一比胃管稍大的小圆孔，直径约0.6厘米）使口腔张开，然后将胃管（或人用导尿管）涂上润滑油，将胃管穿过开口器上的小孔，缓缓向口腔咽部插入。当兔有吞咽动作时，趁其吞咽，及时把导管插入食管，并继续插入胃内。插入正确时，兔不挣扎，无呼吸困难表现；或者将导管一端插入水中，未见气泡出现，即表明导管已插入胃内，此时将药液灌入。如误入气管，则应迅速拔出重插，否则会造成异物性肺炎。

●2. 注射给药●

优点是：具有吸收快、显效快、药量准、安全、节省药物等特点，但必须严格消毒。常用的注射给药方法有以下几种：

（1）皮下注射　主要用于预防性注射。可选耳根后部、腹内侧或腹中线两边皮肤薄、松弛、易移位的部位，局部剪毛，用70%酒精棉球或2%碘酒棉球消毒。左手大拇指、食指和中指捏起皮肤呈三角形，右手如执毛笔状持注射器于三角形基部垂直迅速刺入针尖，防止药液流出（图6－3）。皮下注射宜用短针头，以防刺入肌肉内。如果注射正确，可见局部隆起。

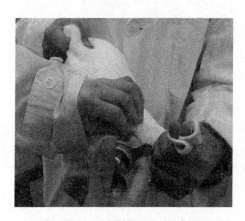

图6－3　颈部皮下注射

（2）肌内注射　适于多种药物，但不适用于强刺激性药物（如氯化钙等）。注射部位可选在臀肌和大腿部肌肉（图6－4）。术部经剪毛、消毒后，用左手固定注射部位皮肤，针头垂直于皮肤迅速刺入一定深度，回抽针管无回血后，缓缓注药。特别注意，助手要保定好兔只，防止兔子乱动，以免伤及大的血管、神经和骨骼。

（3）静脉注射　多用于病情严重时的补液。部位为两耳

图 6 – 4 肌内注射

外缘的耳静脉（图 6 – 5）。由助手牢固保定兔只（特别是头部），剪毛、消毒术部（毛短者可拔毛），左手拇指与无名指和小指相对，捏住耳朵尖部，以食指和中指夹住压迫静脉向心侧，使其充血怒张。如静脉不明显，可用手指弹击耳壳数下，或用酒精棉球反复涂擦刺激静脉处皮肤使其怒张。针头以 15 度角刺入血管，而后使针头与血管平行向血管内进入适当深度。回抽见血，推药无阻力，无鼓包出现时，说明刺针正确，随后缓缓注药。注射完后拔出针头，用酒精棉球压迫

图 6 – 5 耳静脉注射

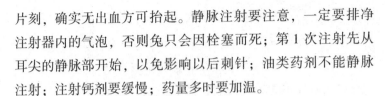

片刻，确实无出血方可抬起。静脉注射要注意，一定要排净注射器内的气泡，否则兔只会因栓塞而死；第1次注射先从耳尖的静脉部开始，以免影响以后刺针；油类药剂不能静脉注射；注射钙剂要缓慢；药量多时要加温。

（4）腹腔内注射　静脉注射困难或獭兔心力衰竭，可采用腹腔内注射补液（图6-6）。部位选在脐后部腹底壁、偏腹中线左侧3毫米处。剪毛后消毒，抬高獭兔后躯，对准脊柱方向刺针，回抽活塞不见气泡、液体、血液和肠内容物后注药。刺针不宜过深，以免伤及内脏。怀疑肝、肾或脾肿大时，要特别小心。注射最好是在兔胃、膀胱空虚时进行。1次补液50～300毫升，但药液不能有较强刺激性。针头长度一般以2.5厘米为宜。药液温度应与兔体温相近。

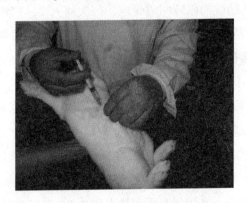

图6-6　腹腔内注射

●3. 灌肠给药●

獭兔发生便秘、毛球病等，有时口服给药效果不好，可进行灌肠。方法是，一人将兔蹲卧在桌上保定，提起尾巴，露出肛门。另一人将橡皮管或人用导尿管涂上凡士林或液体石蜡后，将导管缓缓自肛门插入，深度 7～10 厘米。最后将盛有药液的注射器与导管连接，即可灌注药液。灌注后使导管在肛门内停留 3 分钟左右，然后拔出。药液温度应接近兔体温。

● **4. 局部给药** ●

为治疗局部疾患，常将药物施于患部皮肤和黏膜，以发挥局部治疗作用。局部用药应防止吸收引起中毒，尤其当施药面积大时，应特别注意用药浓度及用量。

（1）点眼　适用于结膜炎症，可将药液滴入眼结膜囊内。方法是右手拇指及食指控住内眼角处的下眼睑，提起上眼睑，将药液滴入眼睑与眼球间的囊内，每次滴入 2～3 滴。如为眼膏，则将药物挤入囊内。眼药水滴入后不要立即松开右手，否则药液会被挤压并经鼻泪管开口而流失。点眼的次数一般每隔 2～4 小时 1 次。

（2）涂擦　用药物的溶液剂和软膏剂涂在皮肤或黏膜上，主要用于皮肤、黏膜的感染及疥癣、毛癣菌等治疗。

（3）洗涤　用药物的溶液冲洗皮肤和黏膜，以治疗局部的创伤、感染。如眼膜炎、鼻腔及口腔黏膜的冲洗，皮肤化脓创的冲洗等。常用的有生理盐水和 0.1% 高锰酸钾溶液等。

● **5. 兔病针灸疗法** ●

治疗獭兔病常用的针灸穴位有鼻尖、人中、牙关、天门、百会、太阳、血印、尾尖和指甲等九个，分白针和血针两种，白针是用针刺激穴位来治病，不放血；血针既有针扎刺激，又要刺破静脉血管，通过放出一定量静脉血来治病。以上穴位中前五个是白针，后四个是血针。

扎针时一是要将兔保定好，防止骚动，保证扎针位置的准确；二是用70%～75%酒精将针具和针穴部位认真消毒，皮肤消毒时要将被毛吹开，酒精必须涂到皮肤上；三是针刺深度一定要合适。

鼻尖穴：在鼻尖正中浅扎0.2～0.3厘米，快速扎刺2～3下。主治中暑、肺炎、发烧和脑炎。

人中穴：在鼻下正中、左右两瓣嘴唇相联处，浅扎0.2～0.3厘米。主治感冒、破伤风、传染性鼻炎。

牙关穴：眼珠下方最后1对齿之间的颊肌处，浅扎0.5厘米。主治牙关紧闭、吞咽困难、歪头歪脖风、胃炎。

天门穴：两耳根后缘连线之中点，枕骨与第1颈椎交界处，浅扎0.5厘米。主治脑充血、歪脖风。

百会穴：手摸两后躯左右腰角，腰角之间连线与背正中线的交合点即百会穴。百会穴所在地是腰椎与荐骨之间的间隙，深处为腰部脊髓，此穴如扎得过深会损伤脊髓，导致獭兔后躯瘫痪，应特别注意，垂直扎入深度为1厘米。主治腹泻、肚胀、生殖道疾病、瘫痪等。

太阳穴：在后眼角后方1厘米处面横静脉上浅扎0.2～0.3厘米，扎破血管，放血少许。主治中暑、感冒、眼结膜炎等。

血印穴：两耳耳静脉上1/3处，用针刺破血管任其出血。主治感冒、发烧、肺炎、中暑等热性病。

尾尖穴：在尾尖腹侧划破尾中动脉、放血降压。主治中

暑、发烧及其他热性病。

指甲穴：前后肢的爪部腹侧，穿刺放血。主治中暑、精神沉郁、食欲不振、肚疼等症。

针灸疗法在轻症时使用效果较好，对中暑、感冒、消化道疾病效果显著，对由细菌、病毒引起的疾病只能起到辅助治疗作用。

●6. 环境消毒●

包括兔舍、运动场地、排泄物、器皿用具的消毒用药，常用方法有以下几种。

（1）喷洒和浸泡　以适当浓度的消毒药液用喷雾器喷洒，或置于较大容器中将待消毒物放入浸泡。具体消毒药物见常用药物部分。为了达到较好的消毒效果，在喷洒前要将地面或物体清扫，除去杂乱物品有机物如粪便、兔毛及残余饲料等。喷刺激性药物时，应把兔移开。待消毒的器皿应事先用水清洗，晾干后再浸入消毒液中，尤其是饲槽，如黏有较多的饲料残迹，会减弱消毒药的作用。此外，配药浓度一定要准确。

（2）撒布　将粉末状消毒药直接撒布在地面、排粪沟、排泄物上即可。用漂白粉、生石灰消毒时，可采用此法。

（3）熏蒸　对密闭的兔舍，可采用气态消毒药进行消毒。消毒时应密闭门窗 10 小时，然后经 1～2 天通风后才可让兔进入。对器皿和用具，可放在一个塑料薄膜制成的密闭帐篷内进行熏蒸，也有较好的效果。

第三节　獭兔常见病症状及防治

一、兔瘟病

● 1. 症状 ●

兔瘟分最急性型、急性型和慢性型三种。最急性型，多发生于青年兔和成年兔，死前无明显临床症状，或仅表现为精神兴奋，在笼内乱跳、碰壁、惊叫，多出现于夜间死亡。死亡后四肢僵直，头向后仰，少数鼻孔流血，肛门处有淡黄色液体流出，病程 10～20 小时；急性型，多发生于青年兔和成年兔，患兔食欲减退，饮水增多，不喜动，体温升高，迅速消瘦。临死前，全身颤抖，侧卧，四肢不断作划船状，短时间抽搐、尖叫死亡。少数鼻孔流血，肛门处有黄色液体流出。病程一般 12～48 小时；慢性型，多发生于 3 月龄幼兔和少数青年兔。患兔体温升高，精神委顿，被毛粗乱无光泽，严重消瘦，食欲减退甚至废绝，衰竭死亡，病程可达 4～6天。剖解后，可见肺、肝、脾、胃、心等器官有出血点。

● 2. 防治 ●

①立即对病兔进行隔离、封锁。

②整个兔群，除未断奶仔兔外，进行紧急兔瘟疫苗注射，每只兔皮下注射兔瘟疫苗 2～3 毫升。

③兔舍、兔笼、场地清洁后，用 0.5% 菌毒敌或 0.1% 过氧乙酸或 2% 氢氧化钠溶液消毒，兔舍人行道轻撒生石灰。

④发病兔场停止引进和出售种兔。

⑤非本场人员应严格限制出入。

⑥病死兔应进行深埋或焚烧处理。

二、巴氏杆菌病

● 1. 症状 ●

病兔精神委靡，食欲废绝，呼吸困难，体温升高达 41℃左右，鼻孔流出浆液或脓样鼻液，出现呼噜声，鼻孔周围被毛潮湿、脱落、皮肤红肿发炎。有的兔出现结膜炎、中耳炎、皮下脓肿等病症，发生腹泻，最后衰竭死亡。

● 2. 防治 ●

①兔场发生巴氏杆菌病时，应进行紧急预防注射，除未断奶仔兔外，每只兔皮下注射巴氏杆菌苗 2～3 毫升。

②病兔用伤寒痢疾灵治疗，大兔每只注射伤寒痢疾灵 1 毫升，小兔酌减，每日 2 次，连续 3 天。

③用链霉素每千克体重 10 000 单位，肌内注射，每日 2 次，连续 3～5 天。

④磺胺嘧啶每千克体重 0.05～0.2 克，每日 3 次，连续 5 天。

⑤用中药黄连、黄芩、黄柏、黄栀子、大黄各 3 克/只，水煎服，有一定的防治效果。

⑥做好清洁卫生，兔舍、兔笼、场地用 0.5% 菌毒敌或 0.02% 的百毒杀溶液消毒。

⑦及时淘汰疑是巴氏杆菌和患巴氏杆菌的病兔。

三、魏氏梭菌病

● 1. 症状 ●

急性腹泻，粪稀、量多、呈黑色，可嗅到特殊的腥臭味，传播迅速，发病 6～12 小时死亡，无特效药物治疗。剖解后，可见胃浆膜有大小不一的溃疡点和斑。

● 2. 防治 ●

①紧急预防接种 A 型魏氏梭菌苗，除未断奶仔兔，每只兔皮下注射 A 型魏氏梭菌苗 2 毫升。

②给兔群适量喂一些含粗纤维较高的饲草，如已经开始抽穗的黑麦草、鸭茅或黄豆秆、野蒿粱、稻草等。

③做好清洁消毒，用 0.5% 菌毒敌溶液消毒。

④病死兔应进行深埋或焚烧处理。

四、兔腹泻(拉稀)病

兔的拉稀，应针对病因进行对症处理，常见的拉稀有如下几种：

● 1. 轮状病毒性腹泻 ●

（1）症状 主要发生在断奶仔兔，体温升高，昏睡，食欲减退或食欲废绝。腹泻、排出半流质和水样粪便，粪便呈淡黄色或黄白色，病后 2～6 天死亡，死亡率可达 40% 左右。

（2）防治 兔群用轮状病毒细胞灭活疫苗对发病仔兔皮

下注射 2 毫升。严重者可投服收敛止泻剂，静脉注射葡萄糖盐水或碳酸氢钠溶液，同时内服抗生素药物。也可用高免血清治疗。

● **2. 大肠杆菌性腹泻** ●

（1）症状　仔兔、幼兔易发生大肠杆菌病，主要特征是腹泻和流涎。病兔精神沉郁，被毛粗乱，腹部膨胀，剧烈腹泻，排出黄色或棕色水样稀粪，常有大量幼兔排出明胶状黏液粪便。

（2）防治

①皮下注射多价大肠杆菌苗 2 毫升。

②病兔每次肌内注射伤寒痢疾灵，大兔 1 毫升，小兔 0.1 ~ 0.5 毫升。

③用链霉素每千克体重 20 毫克，肌内注射，每日 2 次，连续用药 3 ~ 5 天。

④用庆大霉素或卡那霉素肌内注射大兔 2 毫升、小兔 1 毫升。同时，给病兔喂促菌生或酵母片或乳霉生等健胃消食药。

● **3. 沙门氏菌性腹泻** ●

（1）症状　仔兔、幼兔、怀孕母兔突然死亡，病兔排绿色清稀粪，怀孕母兔流产死亡，病程仔幼兔 2 ~ 3 天，成兔 7 ~ 10 天。

（2）防治

①兔群用沙门氏菌苗接种，每只兔每次皮下注射沙门氏菌菌苗 2 毫升。

②病兔用庆大霉素肌内注射，大兔 2 毫升，小兔 1 毫升，

或新霉素进行治疗，有一定疗效。

●**4. 毛样芽胞杆菌性腹泻**●

（1）症状　秋末春初 6～12 周龄仔幼兔和成年兔剧烈腹泻，次数频繁、粪便褐色、浆糊状或水样，临死前 12～48 小时停止腹泻，病程 1～3 天，最快 12 小时，慢性 5～8 天。

（2）防治

①对兔群检疫，淘汰阳性兔，保证兔群健康。

②病兔用庆大霉素或卡那霉素肌内注射，大兔每次注射 2 毫升，小兔每次 1 毫升，每日 2 次，连用 3 天，可抑制本病。

●**5. 衣原体性腹泻**●

（1）症状　仔兔、幼兔消瘦，水样腹泻，迅速死亡；成年兔渐进消瘦，怀孕母兔流产或死胎。

（2）防治

①兔群中发生衣原体病时，迅速对病兔进行隔离。

②搞好兔舍、兔笼的清洁卫生，严格进行消毒。

③要防止饲养人员和管理、畜牧工作人员接触衣原体感染本病。

④用四环素 10 万～20 万单位/只，肌内注射，每天 2 次，连续 3 天。

●**6. 兔球虫腹泻**●

（1）症状　患兔消瘦、贫血、眼结膜苍白、被毛粗乱、腹胀和下痢。

（2）防治

①要保持兔舍空气流通，舍内干燥，清洁卫生。

②严禁患兔的粪便污染饲草、饲料，避免兔交叉感病。

③仔兔与母兔要分笼饲养，严禁仔兔与母兔混养在一起。

④每1 000千克配合日粮中添加2克地克珠利，饲喂2周。

● 7. 饲养性腹泻 ●

（1）症状　饲喂变质饲料，精粗饲料搭配不当，突然更换饲料，天气突变，仔兔、幼兔贪食过多精饲料，都易导致腹泻。

（2）防治

①给仔兔喂料时，应少食多餐，每天饲喂4～5次。更换饲草料，应逐渐更换。

②将仔兔放出产仔箱在笼内多运动。

③对不食草料的兔，喂给食母生或健胃片或多酶片1片，加维生素 B_1 1片。伴有肠炎的兔，在喂给健胃片或食母生或多酶片和维生素 B_1 类药外，每次肌内注射卡那霉素1毫升，或庆大霉素1毫升。

④对仔兔、幼兔要加强饲养管理。

五、兔脱毛癣病

● 1. 症状 ●

患兔感染本病时，大多始于头面部的口唇、眼周围，继而传播至肢端、腹部、耳部和背部。病变处多呈不规则的圆形或块状脱毛或断毛，皮肤呈厚薄不一的痂皮样外观。

● 2. 防治 ●

①迅速将病兔进行隔离或淘汰。

②将病兔笼具用火焰消毒器进行火焰消毒，笼底板取下后单独用2%~3%的烧碱溶液浸泡48小时后，用清水漂洗，放在太阳光下暴晒，再用火焰消毒器进行火焰消毒后使用。

③对兔群按1 000千克配合日粮添加80克灰黄霉素饲喂，饲喂14天停药7天，连续用药3个疗程。同时，对全群兔按每千克体重皮下注射0.2毫克伊维菌素或伊维康。

④有种用价值的病兔，用皮复康治疗。3千克以下的兔，每次皮下或肌内注射1毫升；3千克以上的兔，按每千克体重0.4毫升皮下或肌内注射，或用敌癣锐克按每千克体重0.2毫升皮下注射。

⑤本病较顽固，要求饲养人员不能串岗串舍，发病兔群由专人饲养管理。

六、兔螨病

● 1. 症状 ●

獭兔的螨病分耳螨和体螨两类。患兔均表现为发痒不安，用脚爪抓耳、嘴、鼻孔，食欲减退，消瘦，最终衰竭死亡。患体螨兔多发于脚趾部、鼻镜、嘴唇四周、头部，严重时可全身感染，感染部位皮肤起初红肿，渐渐变厚，继而龟裂，逐渐形成白色痂皮；患耳螨兔，始发于耳根，出现红肿，继而流出渗出物，患部增厚，形成麸皮样黄色痂皮，塞满整个外耳道。

●2. 防治●

①病兔用 1% 的三氯杀螨醇将耳、脚趾、鼻镜患部浸泡后，除去痂皮，再用三氯杀螨醇溶液涂擦。剥下的痂皮集中烧毁。

②病兔可皮下注射伊维菌素每千克体重 0.02 毫升，间隔 7 天，再注射 1 次；或皮下注射灭虫丁，每千克体重 0.2 毫升，间隔 7 天，再用药 1 次。

③兔舍要保持清洁卫生、通风干燥，防止阴暗潮湿。

七、兔便秘

●1. 症状●

病兔食欲减退或废绝，粪便变小而坚硬，排粪困难或排出的粪量少，腹部膨胀，尿红色，精神较差。

●2. 防治●

①在饲养管理中，要注意日粮精料量不宜过多，适量多喂一些青饲料和多汁饲料，注意饮水和运动。

②病兔可用植物油 25 毫升，蜂蜜 10 毫升，加温开水 10 毫升，灌服。

③大黄片 1~2 片，维生素 B_1 1 片，食母生 2 片内服，每天 2 次，连续 3~5 天。

④人工盐成兔 5~6 克，幼兔减半，加温开水 20 毫升，灌服。

⑤通舒片 1~2 片，每日 2 次，连用 3 天。

八、兔伤食

● 1. 症状 ●

常见病兔食量显著减少或不食草料，胃部膨大，精神沉郁，不愿走动，有的表现痛苦不安、磨牙流涎、呼吸加快、结膜潮红。粪便长条形或成堆，有特殊的酸臭味。

● 2. 防治 ●

①病兔停食一天，或减少精料喂量，供给易消化的草料，加强运动。

②喂给多酶片 1~2 片，或健胃片 2~3 片，或酵母片 2~3 片，加维生素 B_1 1 片，每天 2 次，连用 3 天。

③鸡内津半个，水煎灌服。

九、脚皮炎

● 1. 症状 ●

兔笼底板表面粗糙或边缘锐利，兔脚掌或趾部皮肤磨破或划伤，出现充血红肿，继而化脓，形成经久不愈的出血溃疡面，病兔不愿活动，后肢抬起，怕负重，很小心地换脚。食欲减少，逐渐消瘦，出现全身感染，呈败血症死亡。

● 2. 防治 ●

①发现有脚皮炎的兔，应及时治疗，对脚皮炎较轻的兔，患部消毒后，涂擦皮炎平药膏，每天 2~3 次，连续用药 4~5

天。同时在笼底板上面垫上软底板，注意清洁卫生。

②对已化脓的患部，先用双氧水清洗化脓部位，再用酒精消毒，用皮炎康或红霉素软膏涂于患部，用 4 ~ 6 层纱布包裹患处，间隔 2 ~ 3 天换药 1 次，直至伤口痊愈，脚毛长浓密后再放回笼。

③对脚皮炎严重的兔场，应全面对笼底板进行检查更换。

④对全群兔进行 1 次葡萄球菌苗接种，可预防本病。

十、感冒病

● 1. 症状 ●

病兔初期食欲减少，流鼻涕，打喷嚏，鼻黏膜发红，轻微咳嗽，流眼泪呈水样，常用脚擦拭。严重的病兔连续咳嗽，食欲废绝，体温升高 40℃ 以上，呼吸困难。

● 2. 防治 ●

①加强饲养管理，防止兔受到风寒暑湿侵袭。

②病兔内服阿斯匹林或安基比林或扑炎痛或感冒清，成兔半片，仔、幼兔递减。每日 3 次，连续 3 天。

③病兔较为严重的可肌内注射青霉素和链霉素每千克体重各 3 万 ~ 5 万单位，每日 2 次，连用 3 天。

十一、肺炎病

● 1. 症状 ●

病兔精神沉郁，食欲减退和渐进性消瘦，咳嗽不断，呼吸急促，连续打喷嚏，流黏液性鼻涕，流眼泪，体温升高到41℃左右，呼吸急促，粪便干燥。

●2. 防治●

①加强防寒保暖、降温除湿。把病兔放到温暖、干燥、通风的环境饲养，饲喂给温水和富含维生素的青饲料。

②病兔用青霉素和链霉素每千克体重各3万~5万单位肌内注射，每日2次，连用3~5天。

③用磺胺嘧啶（磺胺类）按每千克体重0.2克内服，每日3次，连用3~5天，用5%磺胺噻唑钠注射液，成兔2毫升、幼兔1毫升，肌内注射，每日3次，连用3天，用环丙沙星注射液每千克体重5~10毫克，肌内注射，每日2次，连用3~5天。

十二、母獭兔食仔兔

●1. 症状●

母兔将刚产出的仔兔吃掉，轻者是1~2只，严重者将仔兔全部吃掉。

●2. 防治●

①母兔怀孕期间给予足够的矿物质及维生素，产前和产后保证饮水和青饲料供应。

②保持兔舍环境安静，尽量避免异常气味。

③母兔连续2~3胎，仍吞食仔兔，可淘汰母兔。

十三、母獭兔产后瘫痪

● 1. 症状 ●

母兔产后瘫痪轻者食欲减少，重者食欲废绝。出现便秘，排尿减少或不排尿。乳汁分泌，减少或停止泌乳。产仔后轻者后脚跛行，重者四肢或后肢不能站立，趴在笼内，躺卧时间过长，体躯上生褥疮，逐渐消瘦，死亡。

● 2. 防治 ●

①注意兔舍、兔笼清洁卫生，保持干燥。供给母兔充足的钙、磷等矿物质和维生素，增强运动。

②母兔静脉注射葡萄糖酸钙溶液 5～10 毫升，每日 1 次，连用 3～5 天。

③母兔每次肌内注射维丁胶性钙 1～2 毫升或醋酸可的松2.5 毫升。每日 1 次，连用 3～5 天。

④给母兔每隔 2～3 小时直肠灌注温热的食糖溶液 10～30毫升。同时，用手按摩不能站立的四肢，使其通经活血。

十四、母獭兔不发情

● 1. 症状 ●

性欲减退或缺乏，母兔屡配不孕，发情周期无规律，甚至不发情。母兔过肥或过瘦。

●2. 防治●

①加强饲养管理，喂给足够的配合日粮和含维生素丰富的饲草，保持中等体况，不能过肥过瘦，同时增加母兔的运动。

②不发情母兔，喂给维生素 E 1 ~ 2 粒，或催情散 3 ~ 5克，或谣洋霍 5 ~ 10 克。

③肌内注射促排 3 号 5 ~ 10 毫克。

④将母兔放入公兔笼内，让公兔追逐爬跨挑逗催情。亦可用手在母兔臀部或直接触摸阴户，刺激催情。

⑤对母兔舍延长光照时间至 14 ~ 16 小时，促进母兔发情。

⑥对屡配不孕母兔，严格淘汰。

十五、母獭兔流产

●1. 症状●

母兔产仔期未到，产出未足月的胎儿或死胎，日龄大的基本成型，日龄小的尚未成型，全身沾有血，绝大多数流产的都是死胎儿，未死胎儿也难养活。母兔流产后，大量出血，出血过量会造成母兔死亡。

●2. 防治●

①母兔流产后，局部可用0.1%高锰酸钾溶液冲洗。

②母兔流产后，出血不止的，肌内注射维生素 K 0.5 ~ 1毫升，青霉素每千克体重3万 ~ 5 万单位，每日 2 次，连用

3 天。

③注意补充营养，待完全恢复健康后才能配种。

十六、獭兔食毛

● 1. 症状 ●

食欲不振，便秘，口渴饮水增加，常伏卧，消瘦。易形成胃阻塞，或肠梗阻。如不及时治疗，可导致死亡。

● 2. 防治 ●

①在饲料中补充氧化镁、氧化锌和含硫氨基酸。

②内服植物油，如菜油、豆油等 20～30 毫升。每日 3 次，连用 3～5 天。

③兔毛（球）泻出后 1～2 天，可喂给易液化的青饲料和健胃药物。

十七、球虫病

● 1. 症状 ●

本病多发生于 20～90 天的仔兔、幼兔。急性的病兔发病急，突然侧身倒地，四肢痉挛，头向后偏，两后肢呈游泳状划动，发出惨叫迅速死亡。慢性型的病兔吃草料减少或不吃，腹部臌气（胀肚），拉稀粪便污染四肢和肛门，消瘦，被毛粗乱易脱落，生长滞缓，下痢后，很快消瘦死亡。

●2. 防治●

①保持兔舍笼通风干燥。每天清扫兔笼舍及运动场粪便，并堆积发酵。哺乳母兔与仔兔，幼兔分开饲养避免交叉感染。

②平时用药物预防，可用0.1%磺胺二甲基嘧啶加入配合精料中混合喂服，连续喂服20天。

③每1 000千克配合日粮中添加地克珠利2克，饲喂15天。在预防兔球虫病的过程中氯苯胍和地克珠利应交叉使用，避免产生抗药性。

第七章 **獭兔出栏与屠宰**

一、适宜獭兔屠宰时间的选择

獭兔屠宰时间的选择应考虑出肉率、肉的质量、消耗的饲料和工时以及毛皮质量等因素。獭兔的屠宰时间一要适龄、二要适时。一般来说，獭兔在出生后 120～180 天屠宰为好，这时的獭兔发育良好，手摸和棘突出，柔软而无骨头突角，臀部和大腿呈圆形，背部和腹股沟内有少量脂肪沉积。5 月龄的獭兔皮张面积达到取皮要求，6 月龄獭兔体重、体长和胸围发育都趋于成熟，且 6 月龄獭兔的毛长度、毛纤维细度及被毛密度均已具备了良好的取皮基础。所以 6 月龄的獭兔最适合屠宰。

适时是指成年兔、老龄兔和淘汰兔的屠宰应选在冬末春初间，即 11 月低至翌年 3 月。根据市场在冬季销售兔肉量多的实际情况，獭兔屠宰时间选择在此期间则最为合算。此时兔的毛皮质量最好，经过一段时间的精心饲养，出肉率也会处于最高状态。同时，此期间正值寒冷的冬季，屠宰的兔肉可以自然冷冻，便于运输和贮藏。

二、宰杀方法与工艺流程

在兔的屠宰中，机械流水线作业的流程与用手工操作屠宰方法大体相同，主要包括击昏、放血、剥皮、剖腹净膛、胴体修整、宰后检验等工序。

（1）击昏　目前常用的方法有电击法，以及传统的棒击法、颈部移位法、灌醋法和直接放血法等。

（2）放血　獭兔被击昏后应立即放血。目前最常用的是颈部放血法，即将击昏的獭兔倒挂在钩上，用小刀切开颈部放血。放血应充分，一般要求放血时间不少于2分钟。

（3）剥皮　将放血后的獭兔倒挂（一般挂住一条后腿），然后将前肢腕关节和后肢蹄关节周围的皮肤切开，再用小刀沿大腿内侧通过肛门把皮肤挑开，刀口处分离皮肉，再用双手紧捏兔皮的腹部、背部向头部方向翻转拉下，最后抽出前肢，剪掉耳朵、眼睛和嘴周围的结缔组织和软骨。

（4）剖腹净膛　屠宰剥皮或煺毛后应剖腹净膛。先用刀切开耻骨联合处，分离出泌尿生殖器官和直肠，然后沿腹中线打开腹腔，取出除肾脏外的所有内脏器官。

（5）胴体修整　检验合格的屠体，在前颈椎处割下头，在附关节处割下后肢，在腕关节处割下前肢，在第一尾椎处割下尾巴。并按商品要求进一步整形，去除残余的内脏等，最后用水冲洗胴体上的血污和浮毛，沥水冷却。

（6）宰后检验　胴体检验是宰前检验的继续和补充，主要进行内脏检验和肉品质检验。

第八章 经济效益分析

第一节 经济效益分析参数

一、养殖规模

养殖规模，一般按饲养能繁母兔数量多少来衡量獭兔家庭养殖场的规模大小。规模大小，主要依据家庭可用场地大小、投入的资金量、劳动人数、主要投入品供给情况、周边兔肉市场容量、养殖技术的掌握程度等诸多因素来决定适宜养殖规模。规模过小其经济效益难以体现；规模过大，需投入资金额度大，管理难度加大，风险也随之加大；对有条件的家庭，可办特大型养殖场，建议一定做好建场规划，分批次建设和投入，避免因准备不充分、行业不了解，导致养殖失败的教训。因此，确定适宜的养殖规模是家庭养殖獭兔成功的关键，切忌盲目扩大养殖规模。

以饲养500只能繁母兔规模的獭兔家庭养殖场作为实例，其养殖规模主要参数，见表8-1。

表8-1中参数是主要依据生产实践计算出来的幅度值，不同的獭兔家庭养殖场因某项参数的变化，其他各项参数会

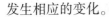

发生相应的变化。

表 8 – 1　500 只能繁母獭兔家庭养殖场养殖规模主要参数

项　目	主要参数	备　注
能繁母兔/只	500	公母比例 1∶(6~8)
种公兔/只	75	
母兔年均产窝数/窝	6	母兔产后 12 天或 21 天左右配种，妊娠期 30~32 天，年平均产仔以 6 窝计算
窝均产仔数/只	7.4	
月均产仔窝数/窝	250	
日均存栏仔兔/只	2 500~3 000	出生至 35 日龄断奶兔
日均存栏幼兔/只	3 500~4 000	断奶至 90 日龄兔
日均存栏青年兔/只	3 000~3 500	90 至 135 日龄兔
月均存栏兔/只	9 500~11 000	包括种兔、仔兔、幼兔、青年兔、待售商品獭兔
年出栏商品獭兔/只	17 500	500 只能繁母兔，按每只能繁母兔年出栏商品獭兔 35 只计算。

二、用工规模

　　家庭养殖场用工规模与人员掌握獭兔养殖技术的熟练程度有关。500 只能繁母兔的獭兔家庭养殖场需管理人员兼技术人员 1 名，饲养人员 2 名，每人饲养能繁母兔 250 只，种公兔 35 只，以及所管理兔群生产的仔兔、幼兔、青年兔及商品兔，共需职工 3 人，工作职责及分工如下。

技术管理人员的职责：全面负责獭兔场的日常管理，负责物资采购和管理制度的拟定，负责人员招聘和工资发放，及时解决兔场存在的问题，协调处理兔场内外关系；负责种兔的引进、出栏商品獭兔的质量把关；兔群老弱病兔、屠宰兔的淘汰，种兔的补充，后备兔的选留；负责填写日报表和月报表及统计分析等工作。

饲养员的职责：每人饲养能繁母兔250只，种公兔30至40只，预留的后备种兔，以及能繁母兔群所产的仔兔、幼兔、青年兔及商品兔至出栏。负责所饲兔群的饲草、饲料、饮水的供给；种兔的配种与妊娠检查；仔兔和幼兔的饲养管理；做好配种繁殖、兔只的出栏、死亡等记录；耳号编制、兔场的消毒及兔疾病的预防与治疗；兔舍公共责任区清洁卫生，兔粪清理等工作。

三、投资规模

投资规模包括引种费用，基础建设投入，流动资金等。500只能繁母兔獭兔家庭养殖场需投入资金90万~100万元，其中，种兔费、基础建设投入、流动资金投入比为1：3：6。具体计算参数和投资规模见表8-2、表8-3和图8-1。

表2计算的参数是，所引种兔5月龄以上，体重2.5千克以上，引种后种兔适应观察期1个月，母兔孕期1个月，仔兔出生到出栏4.5个月需6.5个月，按7个月全投入计算而得，饲养满7个月以后，一般情况下，可正常经营。

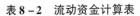

表 8 – 2　流动资金计算表

单位：元 /（月·人）、元 / 只、万元

科目	数量	单位费用	金额	备 注
人员工资	21 个月	3 000.00	6.30	3 人、7 个月
种母兔饲养费	500 只	165.01	8.25	按种兔饲草饲料的计算方法计算
种公兔饲养费	75 只	99.01	0.74	第一批配种的兔只全出栏，计算饲料、医药、死亡兔分摊费；第二批配种所产兔只仔兔阶段，幼兔阶段饲养 20 天，只计算饲料费；第二批配种所产仔兔未达到青年兔阶段，第三批配种处于怀孕期，未产仔
出栏商品兔料医药费	3 000 只	34.71	10.41	
仔兔饲养费	3 500 只	1.63	0.57	
幼兔饲养费	3 000 只	4.96	1.49	
其他			1.00	水、电、土地租金等费用
合计			29.76	

表 8 – 3　投资规模概算表

单位：元、万元

项目	数量		单价	金额	合计	百分比
引种费	种兔	575 只	150.00	8.63	8.63	9.21%
基础建设	兔笼	3 000 个	57.00	17.10		
	兔舍	1 304 立方米	200.00	26.08		
	场区水泥道路	480 立方米	42.00	2.02		
	办公等用房	80 立方米	600	4.80		
	产仔箱	300 个	18	0.54	55.32	59.03%
	清洗池	8 立方米	350.00	0.28		
	水塔	20 立方米	500.00	1.00		
	沼气池	50 立方米	500.00	2.5.00		
	医疗器械、配电设施等	套		1.00		
流动资金		29.76			29.76	31.76%
合计					93.71	100%

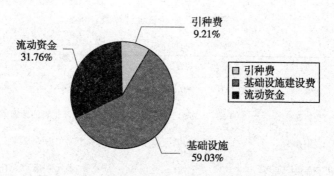

图 8 - 1　500 只能繁母獭兔家庭养殖场投资规模比例图

四、主要投入品价格

土地：500 只能繁母兔獭兔家庭养殖场需自用土地或租用土地 3 亩（1 亩 ≈ 667 平方米。全书同），平均租用土地价格每亩 800.00 ~ 1 000.00 元。

种兔：一般国内有种兔经营资质的獭兔种兔场销售价格在每千克 50.00 ~ 80.00 元。以四川省草原科学研究院向省内獭兔养殖基地供种价格 60.00 元／千克计算。

兔笼：国内目前兔笼有砖砌兔笼、金属网状兔笼、水泥预制件兔笼、机压水泥预制兔笼、瓷砖兔笼、不锈钢兔笼、自动投料系统的全自动化兔笼等。不同的建筑材料、不同的建造排列形式、不同的地点区域价格不同。我们以水泥预制件组装四列三层兔笼为例，一只能繁母兔配标准笼位 6 个，兔笼位尺寸长 57 厘米×宽 50 厘米×高 40 厘米，其造价为金属镀锌笼门 8.50 元／个，3 厘米厚的水泥预制件立板 12.00元／个，2 厘米承粪板 12.00 元／个，铝制食槽 1.50 元／个，25 水管新型饮水器及附件 2.50 元／个，不锈钢金属网背板

1.50 元 / 个，竹制笼底板 6.50 元 / 个，安装工时材料费 12.50 元 / 个，合计 57.00 元 / 个。

兔舍：500 只能繁母兔獭兔家庭养殖场需兔舍 3 栋，每栋兔舍长 53 米×宽 8.2 米的开放式钢架结构水泥地面兔舍，舍内人行道 1.2 ~ 1.5 米、粪沟宽 0.8 ~ 1.0 米，每栋 1 000 个笼位，间距 8 ~ 10 米。建设造价 200.00 元/平方米；

场区水泥道路：场区道路分净道和污道，长 160 米，宽 3 米，计 480 平方米，造价 42.00 元 / 平方米。

办公等用房：办公室、医疗室、饲料间、杂物间各一间，计 80 平方米，造价 600.00 元 / 平方米。

清洗池：4 立方米的清洗池 2 个，计 8 立方米，造价 350.00 元 / 立方米。

全价颗粒饲料：饲料价格与配方原料组成、原料的价格、生产区域等有关，各地差异较大，北方饲料价格一般低于南方，国内目前在 2.50 至 3.50 元 / 千克，均价 3.10 元 / 千克。

五、主要产品销售价格

兔肉价格：按四川省成都市场 2011—2013 年平均批发价格 20.00 元 / 千克计算。

獭兔皮价格：按河北尚村市场 2011—2013 年合级皮均价 42.00 元 / 张计算。

六、管理费用

500 只能繁母兔獭兔家庭养殖场员工配置 3 人，每人每月平均工资 3 000.00 元，年出栏 17 500 只商品兔计算，人员工资共计 10.80 万元；水、电、气每月 250.00 元，年计 0.30 万元；兔笼兔舍维修维护每年 0.30 万元。

第二节　成本核算

一、直接成本

● 1. 饲草饲料 ●

獭兔家庭养殖场饲料分为青绿饲料、精饲料、浓缩精料、全价颗粒饲料。青绿饲料包括人工种植牧草（黑麦草、菊苣、苜蓿、光叶紫花苕等）及野生树叶、野杂草、农副稿秆、蔬菜下脚料等，要求无毒无害，无泥沙，无腐烂，无露水，无霜冻；精饲料：包括玉米、小麦、豆粕等，要求无杂质，无污染，无霉变；全价颗粒饲料：根据营养需要，把优质的原料科学合理地根据獭兔营养需要，按一定比例配制加工成颗粒，要求营养全面，合理保存，无霉变，在有效期内使用。

獭兔家庭养殖场饲草饲料成本占整个养殖成本的 75% 左右，饲料成本包括商品獭兔直接饲料成本和种兔饲料成本及种母兔哺乳期黄豆补充料成本。见表 8 - 4、表 8 - 5、表 8 - 6。

种兔饲料的日均饲喂量在不同的季节、不同的生产阶段采食量差异较大，比如，种母兔妊娠哺乳期饲料采食量远远高于休闲期，包括仔兔、幼兔、青年兔饲料的日均用量是根据生产实践统计而得。

表 8-4　每只商品兔饲料成本

单位：天、克、元 / 克、元

项目	阶段	天数	日均饲料用量	饲料用量	饲料单价	金额
仔兔	出生 ~ 35 日龄断奶	35	15	525	0.0031	1.63
幼兔	断奶 ~ 90 日龄	55	80	4 400	0.0031	13.64
青年兔	90 ~ 135 日龄	45	125	5 625	0.0031	17.44
合计	出生 ~ 出栏	135	78.15	10 550	0.0031	32.71

表 8-5　每只种兔年饲料成本

单位：天、克、元 / 克、元

项目	饲喂天数	日均饲料用量	饲料用量	单价	金额
种公兔	365	150	54 750	0.0031	169.73
种母兔	365	250	91 250	0.0031	282.88

表 8-6　每只种母兔年补饲黄豆费

单位：窝、天、克、元 / 克、元

年产窝数	每胎补饲天数	合计补饲天数	日均补饲用量	黄豆用量	单价	金额
6	35	210	10	2 100	0.0057	11.97

●**2. 药品**●

药品包括预防用疫苗（兔瘟、巴氏杆菌单苗、兔瘟巴氏杆菌二联苗、魏氏梭菌疫苗、大肠杆菌疫苗）驱虫药品和治疗药品，一般 1 只商品獭兔平均需要药品 1.00 元左右，1 只

种兔1年平均需1.50元左右。

●3. 人工●

500只能繁母兔的獭兔家庭养殖场配置职工3人，每人每月平均工资3 000元，年人工成本3人×12个月×3 000.00元／（人·月）＝108 000.00元，年出栏17 500只商品兔，每只商品兔人工成本为108 000.00÷17 500＝6.17元。

●4. 商品獭兔直接成本●

商品獭兔直接成本见表8-7。

表8-7　500只能繁母兔家庭养殖场商品獭兔单位生产直接成本表

单位：元/只

饲草饲料费	人工费	医药费	兔皮盐腌费	合计
32.71	6.17	1.00	0.80	40.68

◤ 二、间接成本

●1. 日常维护费用●

日常维护主要是指兔笼、兔舍、水电设备维修保养，500只獭兔家庭养殖场需要修护费用0.30万元。

●2. 商品獭兔各类成本摊销●

商品獭兔主要成本摊销的费用有引种费、基础建设费、种兔饲草饲料费、水、电、气费、日常维护费、死亡兔等分摊费，见表8-8。

①基础建设分摊：基础建设投入 55.32 万元，10 年折旧分摊计算；每只商品獭兔基础建设分摊费为 553 200.00元÷10 年÷17 500只/年 =3.16 元。

②引种费分摊：按种兔利用年限 3 年，年出栏商品獭兔35 只计算，则每只商品獭兔种兔分摊费为 575 只 × 150.00元/只÷（500 母兔×35 只/母兔·年×3 年） =1.64 元。

③种兔饲草饲料分摊：1 只能繁母兔年出栏 35 只计算，每只商品獭兔种兔饲草饲料分摊为 ［500 只 × （282.88 + 11.97） +75 ×169.73］ ÷17 500只 =9.15 元。

④水、电、气费分摊：每只商品獭兔水、电、气费分摊为 3 000.00元÷17 500 =0.17 元。

⑤日常维护费分摊：每只商品獭兔日常维护费分摊为3 000.00 元÷17 500 =0.17 元。

⑥租用土地分摊：租用土地 3 亩，每只商品獭兔租用土地费分摊为 3 亩 ×1 000.00元/亩÷17 500只 =0.17 元。

⑦死亡兔只费分摊：獭兔从出生到商品獭兔出栏，育成成活率平均在 80% 左右，獭兔死亡主要集中在仔幼兔，每只商品獭兔死亡兔只费分摊为 1.00 元。

表 8 - 8 500 只能繁母獭兔家庭养殖场商品兔各类成本摊销表

单位：元/只

基础建设分摊费	引种分摊费	种兔饲草饲料分摊费	水电气分摊费	日常维护分摊费	租用土地分摊费	死亡兔分摊费	合计
3.16	1.64	9.16	0.17	0.17	0.17	1.00	15.47

第三节　销售收入

■ 一、兔皮收入

獭兔皮价格：按河北尚村市场 2011—2013 年合级皮均价 42.00 元/张计算。

■ 二、兔肉收入

兔肉价格：按四川省成都市兔肉批发市场 2011—2013 年平均批发价格 20.00 元/千克计算。

● 3. 副产物收入 ●

副产物收入包括兔粪、屠宰后的内脏、脚爪等销售收入。500 只能繁母獭兔家庭养殖场全年饲料用量为商品獭兔 17 500 只 × 10.55 千克/只 + 种母兔 500 只 × 91.25 千克/（只·年）+ 75 只 × 54.75 千克/（只·年）= 234.37 吨，每年通过堆肥可以生产 20% 含水量的有机肥 250 吨，每吨 400 元售价，兔粪收入 10.00 万元，其他副产物收入未计入。

第四节　盈亏分析

■ 一、商品獭兔单位生产成本

见表 8 - 9 和图 8 - 2 ~ 图 8 - 4。

表 8 – 9　500 只能繁母兔獭兔家庭养殖场商品獭兔单位生产成本表

单位：元

直接费用					间接费用						合计
饲料费	人工费	医药费	屠宰盐腌费	基础建设分摊费	引种分摊费	种兔饲草饲料分摊费	水电气分摊费	日常维护分摊费	租用土地分摊费	死亡兔分摊费	
32.71	6.17	1.00	0.80	3.16	1.64	9.16	0.17	0.17	0.17	1.00	56.15
58.26%	10.99%	1.78%	1.43%	5.63%	2.92%	16.31%	0.30%	0.30%	0.30%	1.78%	100%
	40.68					15.47					56.15
	72.45%					27.55%					100%
	饲草饲料费 41.87					其他 14.28					
	74.57%					25.43%					

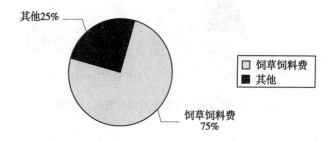

图 8 – 2　商品獭兔饲草饲料费占总成本比例图

500 只能繁母獭兔家庭养殖场年总成本 = 年出栏量 × 每只单位成本

1.75 万只 × 56.15 元 / 只 = 98.26 万元。

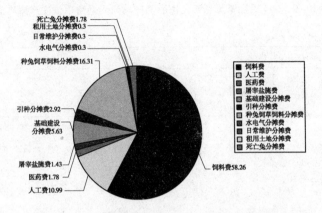

图8-3　商品獭兔各项单位生产成本比例图

图8-4　商品獭兔直接费用间接费用比例图

二、产品销售收入

每只商品獭兔利润见表8-10。

每只商品獭兔利润 = 产品销售收入 - 产品支出 = 72.00
元/只 - 56.15元/只 = 15.85元/只;

500只能繁母獭兔家庭养殖场年总收入: 1.75万只×72
元/只 = 126.00万元。

表 8 – 10 每只商品獭兔纯利润见表

单位：天、千克、元／千克、元 、元／张、元／只

出栏日天数	出栏活体重	兔肉收入			兔皮收入		合计收入
		兔肉（带头）	出售单价	金额	单价	金额	
135	2.50	1.50	20.00	30.00	42.00	42.00	72.00

三、盈利及盈亏平衡分析

500 只能繁母獭兔家庭养殖场年利润 = 年总收入 – 年总成本 = 126 万元 – 98.26 万元 = 27.74 万元；

投资回收期 = 项目总投资 ÷ 年利润额 = （基本建设投入 + 引种费 + 租地费）÷ 年利润额 =

（55.32 万元 + 8.63 万元 + 0.3 万元）÷ 27.74 万元 = 2.32 年；

投资年回报率 = 年利润额 ÷ 项目总投资 × 100% =

27.74 万元 ÷ （55.32 万元 + 8.63 万元 + 0.3 万元）× 100% = 43.18%；

盈亏平衡点（BEP）= 固定成本 ÷ （销售收入 – 变动成本 – 税金）× 100% =

（基本建设投入年折旧费 + 引种年分摊费 + 年租地费）÷ （销售收入 – 变动成本 – 税金）× 100% =

（5.53 万元 + 8.63 万元 ÷ 3 年 + 0.3 万元）÷ （126 万元 – 98.26 万元 – 0）× 100% = 31.39%。

从经济效益分析看出：饲草饲料成本、劳动力费用、基础建设分摊费占商品獭兔单位生产成本前三位，分别为74.57%、10.99%、5.63%。基本建设投资占整个投资的31.76%。因此，在獭兔生产过程中，降低饲料成本、强化管理和减少固定资产投入，是提高养殖獭兔经济效益的重要途径。

第五节　提高獭兔家庭养殖场　经济效益的关键途径

经营獭兔家庭养殖场的目的是为社会提供安全、优质的皮肉产品，实现经济效益的最大化。良种是基础，饲料是关键，防疫是保障，科学出栏是保证，经营管理是出路。

一、健康高效的獭兔配套养殖技术

● 1. 优良品种是基础 ●

良种是发展现代畜牧业的基础，獭兔品种质量的优劣，直接关系到商品獭兔品质的优劣和种兔繁殖数量多少。引进种兔要符合獭兔品种特征，要求健康无病，引进后要坚持开展选种选配，提纯复壮，尽可能避免近亲繁殖，建立自己的优质种兔群和系谱档案资料。目前，我国饲养的獭兔品种主要有德系、美系、法系獭兔，以及四川省草原科学研究院培育的"四川白獭兔"，主要饲养的是白色獭兔，其他色泽较少。由于有色獭兔不需染色，体现环保，市场需求会不断扩大，近年国内育种者开始青紫蓝色、海狸色、黑色等獭兔的选育，但数量极少，且色泽混杂，大量推广还需时间。不同

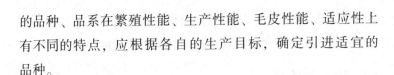

的品种、品系在繁殖性能、生产性能、毛皮性能、适应性上有不同的特点，应根据各自的生产目标，确定引进适宜的品种。

● 2. 提高母兔单产水平 ●

獭兔是多胎、多产、刺激性排卵的动物，具有双角子宫，性早熟，繁殖力强，一般孕期 30~32 天，年产胎次 6~8 胎，平均窝产仔数 7~8 只，全年均可配种繁殖。一般种兔利用年限 2~3 年，要使獭兔养殖达到多产，多活，多养，效益高，除需做好选种，选配，适时配种，建立配种记录、系谱档案外，随时保持科学合理的种群结构，及时淘汰年老、体况差、繁殖力弱、染病难以治愈的种兔，使种兔群处于最佳生产状态，同时，根据母兔不同生理阶段供给不同营养需求，保持较佳繁殖体况，注重产后仔兔管理，加强防疫，提高仔幼兔成活率也至关重要，以最大限度地提高母兔的单产水平。

● 3. 饲料品质是关键 ●

饲草饲料品质是獭兔家庭养殖场养殖成败的关键，饲料成功了，獭兔家庭养殖场的养殖就成功了 60%。獭兔营养需要参考指标：粗蛋白 16%~19%，消化能 10~12 兆焦/千克，粗纤维 12%~16%，钙 1.0%~1.2%，磷 0.5%~0.6%。饲料配制根据营养需要，把优质的原料科学合理地按一定比例配制加工成颗粒料。配制时，一般能量饲料（如玉米、小麦、麸皮、稻谷）占 30%~45%；蛋白饲料（如豆粕、豆饼，油枯）占 15%~20%；草粉（如杂草粉、苜蓿颗粒）占 35%~45%；并适量补充食盐、磷酸氢钙、钙粉、矿物质添加剂、多种维生素和氨基酸。自配生产饲料最好选择质优价廉，长年能均衡供应的原料，以保证养殖场饲料质量的稳定性。

● 4. 防疫是保障 ●

首先应制定合理、科学的卫生防疫制度，其次是选好疫苗、保存好疫苗、按时按量接种，同时做好药物混饲预防球虫病，就可以避免大的死亡。近年，獭兔皮肤真菌病在国内不同地区危害较严重，应引起高度重视，一旦染病，很难根治。作为家庭獭兔养殖场，一定要综合分析獭兔死亡的原因，采取综合防控措施，提高獭兔成活率。

● 5. 适时出栏是保证 ●

獭兔最佳取皮时间在 6.5 月龄左右，此时被毛丰满、皮板成熟、体型大，但实际生产中农户很少采用，因饲养周期较长、耗料高、占用笼位多，增加养殖成本和管理压力，大多家庭养殖多采用在第 1 次换毛之后，第 2 次换毛之前，5 月龄左右，体重 2.5 千克以上，被毛丰满、平整、符合商品獭兔质量标准的兔只及时出栏，此时效益较好，并及时淘汰年老、体况差、繁殖力弱、难于治愈的兔只，不能让该出栏商品兔和淘汰的兔只滞留在养殖场内，增大饲料消耗，降低经济效益。

二、经营管理模式

● 1. 全进全出模式 ●

所谓"全进全出"是指在同一栋兔舍同时间内只饲养同

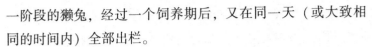

一阶段的獭兔，经过一个饲养期后，又在同一天（或大致相同的时间内）全部出栏。

"全进全出制"兔舍便于管理技术和防疫措施等的统一，也有利于新技术的实施。在第1批已出售、下批尚未进舍的1~2周为休整期，兔舍内的设备和用具可进行彻底打扫、清洗、消毒与维修，这样能有效地消灭舍内的病原体，切断病原的循环感染，有利于疾病控制，使兔群疫病减少，死亡率降低，同时便于饲养管理，有利于机械化作业，提高了兔舍的利用率。

采用同期发情、人工授精技术，或在相对集中的时间段内采用自然交配，使养殖场的母兔在相对集中的时间段内配种怀孕产仔，是全进全出模式的主要技术关键。

●2. 全程目标任务管理●

獭兔大型家庭养殖场着力目标管理，进行人员定编、定岗、定酬，落实岗位责任制，形成合理的管理体系。

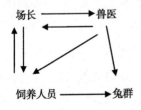

獭兔家庭养殖场根据养殖规模，生产经营的实际情况，对养殖场的人员进行有效的配置，定岗定酬。目标任务层层分解，责任到人，明确岗位职责。

建立规范化、数字化管理制度。规范化、数字化管理是在獭兔养殖过程中，凡是能用数字反映的内容都要有相应的数字记录，及时对各类表格进行有效的处理，如兔场的存栏数、死亡数、饲料消耗、日增重、出栏数、药品、人工、燃料、水电、运输、低值易耗品、经济效益等，只有对养殖场生产经营的各个环节有明晰记录，才能对养殖效果和养殖效益的评价准确。

建立应急预案。规模化獭兔养殖场在生产过程中应有风险意识，规模化獭兔养殖场有可能发生人力不可抗拒的自然灾害，如地震、冰雪、洪涝、火灾等，也可能发生毁灭性传染疫病，如兔瘟等，更有可能加工生产或购买的饲料发生质量问题引起全场兔只发生病变等突发事件，只有制定及时可行的应急预案，并组织员工开展应急措施培训，建立必要的监测手段，出现异常变化时及时启动应急机制，让灾害减少到最低限度。

严格执行资金使用计划和财务管理制度。按计划使用资金，进行饲料、药品等物资采购，物资出入库要进行登记造册；工资应按月支付；产品收入应及时上账；报账一定要手续完备，票据与实物相符，由经办人签字、财务审核、负责人签字后报销。每月对物资及存栏兔只进行盘存，对财务状况进行一次分析，及时发现问题，并找出解决问题的有效措施。

建立有效的激励和约束机制，最大限度发挥家庭成员和聘请员工潜能，不断提高规模化獭兔场管理水平。按照精干、高效原则设置管理岗位和管理人员，建立以目标管理为基础的绩效考核方法；按照劳动合同法签订劳务合同，保持员工的相对稳定，确保规模化獭兔场的持续发展；变革薪酬制度，在收入分配上向管理骨干、技术骨干、生产骨干倾斜。通过不断建立新的行之有效的内部激励机制和约束机制，以更好地激励、约束和稳定獭兔场管理人员和核心技术人员。薪酬除工资、福利、保险等待遇外，工资、奖金与生产成绩挂钩。工资＝月基本工资＋节假日加班工资＋保险费＋计件提成＋超基本任务奖金。每月出栏兔子基本数根据兔场的生产现状确定，不能脱离兔场的生产实际。超基数部分划分为 50～100 只为一阶段，每阶段每只除提成外另给予一定奖励。

●3. 分段目标任务管理●

獭兔的饲养管理分为种兔和生长兔的饲养管理。生长兔分为三个阶段：出生到断奶称为仔兔阶段，断奶到 90 天称为幼兔阶段，90 天至成年称为青年兔阶段。此管理有利于兔舍的分工管理和专业化生产。

繁殖兔管理。根据家庭养殖场饲养能繁母兔规模，进行人员定编、定岗、定酬，落实岗位责任制，一般饲养人员饲养能繁母兔数量与兔舍机械化程度有关，如全人工管理每人可管理能繁母兔 200～250 只；如采用人工授精的全自动化兔舍，每人可管理母兔 600～800 只。管理繁殖母兔的人只负责繁殖兔舍的管理，包括繁殖兔饲养管理、配种、产仔、哺乳、接种疫苗等从繁殖母兔到断奶仔兔的全程管理。管理繁殖母兔人员实行定基本任务、定繁殖成活率、定每只母兔断奶仔兔数、定饲养成本、定母兔死亡控制率等量化指标，超任务实现奖励，其他待遇与全程目标管理相同。

生长兔管理。指仔兔从断奶到出栏的全程管理。主要包括断奶兔到幼兔，幼兔到青年兔。同样与兔舍机械化程度有关。如全人工管理兔舍，每人可管理 400 ~ 500 只能繁母兔所产仔兔；如全自动化兔舍每人可管理 1 000 ~ 1 200 只能繁母兔所产仔兔。管理生长兔人员实行定基本任务、定断奶到出栏成活率、定饲养成本等量化指标，超任务实现奖励，其他待遇与全程目标管理相同。

●4. 承包管理●

由具有一定资金实力的家庭养殖场统一进行选址、规划、设计，修建现代化、规范化、集约化獭兔养殖园区，园区各种配套设施完善，并有专业獭兔养殖技术队伍，园区内管理实行统一培训、统一供种兔、统一供饲料、统一防疫、统一销售等原则，园区采取承包管理，养殖户自愿进入园区进行承包，在园区的统一管理下进行獭兔养殖和销售，每年交纳一定金额承包费。

三、灵活多变的产品销售策略

●1. 准确把握市场信息●

准确预测獭兔市场走势，为规模化獭兔家庭养殖场经营决策提供依据。獭兔市场行情预测是对獭兔市场形势和运行状态进行分析，揭示市场的景气状态，分析它周期波动规律，以及当前和未来周期波动的走向，揭示供求变动而导致价格的波动，分析价格的变动趋向，从中把握市场商机。由于獭兔裘皮受水貂、狐狸等裘皮的影响极大，要了解国际国内二个市场的走向，分析全球经济发展状况、獭兔皮供求关系、服装流行趋势、甚至气候变化等诸多因素影响，再结合国内的实际情况，掌握我国獭兔养殖规模、需求以及獭兔皮集散地河北尚村、浙江桐乡、海宁、义乌毛皮皮草批发市场的獭兔生皮、熟皮、皮草的交易量、库存、走势、价格等，才能作出准确的市场预测。

● 2. 灵活的销售方式 ●

獭兔属皮肉兼用型草食家畜，因为其产品特点决定了獭兔养殖的产品销售具有多种形式。一般小规模养殖户可直接以活兔的形式进行销售，这种方式相对简单，无资金积压风险，同时活兔销售又分为按重量定价和以只数论价格两种形式，具体由养殖户和收购方商谈决定。獭兔家庭规模化养殖场更多是采取皮和肉分开进行销售的模式，符合屠宰取皮标准的獭兔宰杀后鲜肉立即出售，獭兔皮则经防腐处理后进行存放，待数量集中到一定规模时，价格达到自己预期目标时才进行出售，这种方式会带来资金在一定时期内的积压，但是规避市场风险，尤其是遇到行情低迷时的最佳应对方案，这种成功案例很多。

● 3. 科学贮藏 ●

科学贮藏对獭兔皮的保藏至关重要。甜干皮易虫蛀、发霉变质，多不采用。目前普遍采用盐腌法，具体操作：鲜皮取下后，将兔皮被毛朝下，皮板朝上，平整铺放在清洁的平台上，及时清理皮张上的油脂、残肉、韧带、乳腺等残留物，不能人为过力抻拉皮张，破坏皮张结构，将鲜皮重的30%～40%的工业盐均匀抹在皮板的板面上，然后皮板对皮板，被毛对被毛叠放 24~48 小时，室外温度低于 25℃，皮板朝上直接晾晒，炎热季节严禁暴晒。兔皮晾干后，毛对毛，板对板叠放打捆，装袋，保存在通风、隔热、防潮的地方。贮藏过程中注意防潮、防霉、防虫、防鼠，发现问题及时处理。

● 4. 选择好销售渠道与产品交易时机 ●

销售渠道畅通与否直接影响兔场的经济效益，根据兔场的规模，结合当地獭兔产品销售特点、兔肉消费情况、交通情况、运输成本、劳动力成本等因素，选择适合兔场自身特点的销售渠道，兔皮销售应根据市场需求和价格情况决定，最大限度提高兔场经济效益。养殖獭兔，主要是生产一张好的獭兔皮，获得好的价格，一般来说，兔皮行情较好时应及时进行交易，加快产品销售频率；行情低迷时可适当延长皮张保存时间，待价格上涨时销售，如兔皮量较大最好直接与需求加工商联系，避免中间环节砍价。行情低迷时，可采取分段饲养、分段出售，因獭兔在 90 日龄前生长较快，可把皮毛质量较差的商品兔当獭兔出售，皮毛质量好的再多养一段时间，取皮后，可将兔皮贮存一段时间再进行销售，待行情好转时，全部转为獭兔生产。在一年中，一般冬季獭兔皮质量最好，价格也较高，应尽快出售，夏季可将皮贮存至冬季再进行销售。

第九章 典型案例分析

第一节 失败案例

四川省成都市某兔场

1999 年，位于成都市近郊的某兔场，占地 50 余亩，依托科研单位进行兔场规划设计，投资 60 余万，建设开放式兔舍 8 栋，兔笼 7 000 余个，饲养基础母兔 1 000 余只，并配备有种植牧草的饲草地，建有大型养鱼池和养猪场。采用兔粪发酵后，添加精饲料喂鱼、猪，粪尿种草，草喂兔；商品獭兔屠宰内脏和下脚料喂鲢鱼，死亡兔只经蒸煮后也进行了利用。投产后一切正常，由于 2000—2001 年獭兔市场行情较好，获得了很好的收益，并不断扩大规模，在当地引起了很好的社会反响，参观者络绎不绝，该县在短短几个月发展了近 20 家规模养殖场。由于饲养獭兔品质较好，省内外引种者较多，兔皮商也纷纷登门购货，利润可观。为带动当地农民致富，采取增加繁殖母兔、放养仔兔、回收商品兔方式，大力发展养殖规模。进入 2002 年 4 月，獭兔皮行情急转直下，种兔销售几乎无业务，兔场真菌病发生，生产成本急剧上升，放养仔兔回收率低，比照养猪、养鱼效益较低，兔场于 2003 年年底关门停业，兔舍被拆。

该兔场的发展经历，是我国养殖獭兔过程中，有实力、懂管理、会经营失败者中的典型，也是较多转型企业老板养殖獭兔失败的典型。在发展过程中，业主不断在寻求新思路、新途径，前期也取得了很好的效果，但仔细思考，在发展过程中很多环节、包括经营理念和发展模式，缺乏科学、周详的技术和经营方案，为后来发展受阻埋下了祸根，失败是必然之路。究其原因分析如下。

一、成功的经验

（1）有科学的建场规划　该兔场非常重视科学养兔，一开始就与科研单位合作，无论从兔场规划布局到兔舍建设都非常规范，这给养殖前期成功奠定了很好基础。

（2）有科学综合利用方案　该兔场，对养殖园区内包括土地、鱼塘、猪场进行了合理利用，对兔场废弃物进行了资源化利用，变废为宝，整体效益较好。

（3）及时调整经营思路　20世纪初，我国獭兔处于一种无序发展，种兔需求量大。该场办理了种兔经营许可证，由原来以出售兔肉和兔皮为主，改成以出售种兔为主，利润迅速增加。

二、失败的教训

（1）缺乏科学的防疫意识　由于前期獭兔养殖成功，许多养兔者从各地来场参观，由于没有严格消毒设施，把獭兔皮肤真菌病带入了兔舍，本身洁净的兔场，在短短几个月迅速传播开，兔群几乎全部感染了真菌。这给业主极大的打击，养兔热情急剧下降。

（2）缺乏长远战略眼光　獭兔市场行情跟其他产品一样，价格有高峰也有低谷。没有正确应对市场风险措施，在经历了獭兔价格较高的发展时期，无法接受 2002 年 4 月后，价格走入低迷阶段。

（3）办养殖场目标发生了变化　原本养殖商品獭兔为主，中途改变以卖种兔为主，后獭兔市场步入低谷，种兔滞销，又变成以卖獭兔皮、肉为主，巨大的价格反差，给业主极大的失落感。

（4）经营模式不成熟、盲目扩大规模　业主前期养殖尝到了甜头，不断增加养殖规模，采取放养仔兔，回收商品兔的办法，即把断奶仔兔进行接种疫苗，全部称重后，交给农户饲养，所有饲料由业主提供，回收商品兔时称重，增加重量付款给农户，农户不需支付成本。由于缺乏约束条款，凡是未掌握技术的农户，死亡率高，有的甚至不讲诚信，把商品兔卖给其他人，导致亏损严重，无法坚持下去。

（5）成本急剧增加、利润越来越薄　由于兔群大面积感染，每个月治疗、预防费用高达上万元，加之，獭兔市场行情低迷，几乎无钱可赚，甚至出现亏损，对养殖獭兔完全丧失信心，最后决定退出獭兔养殖行业，不得不给人以反思，从中吸取教训。

第二节　成功案例

案例一　四川南充某大型兔场

四川南充某大型兔场，1995 年从养殖 20 余只能繁母兔，几经风雨，逐渐扩大养殖规模，三次搬迁养殖地点，发展獭兔家庭养殖场，并于 1999 年成立了兔业公司，发展到现在，公司占地 60 亩，现有员工 68 人，从事兔业生产的技术人员 12 人，聘有 3 名獭兔专家常年作技术顾问，公司现已带动发展养殖场（户）遍及全县 56 个乡镇及周边省、市、县达 8 800 多家，建养兔基地 46 个，建服务和回收网点 48 个。公司与全国多家企业建立了产品供需协作关系，以"扎根农村，服务农民"为宗旨，以"公司+基地（协会）+农户"的产业化发展模式，开展技术培训和技术指导，保护价回收商品獭兔及獭兔皮。

该公司是省内以獭兔良种繁育和商品兔加工销售为主的龙头企业。公司先后被省、市政府和部门评为"四川省扶贫龙头企业"、"四川省建设新农村省级示范企业"、"四川省建设创新型企业"、"南充市高新技术企业"、"南充市农业产业化经营重点龙头企业"、"四川省星火科技专家大院"、"四川省科技特派员工作先进单位"、"农业部 948 项目引进良种獭兔示范推广基地"、市级"守合同重信用企业"，企业商标被评为"南充市知名商标"。2008 年、2013 年公司参与实施"獭兔高效养殖技术集成及产业化示范"项目、"优质獭兔健康养殖及皮产品精深加工技术研究集成与示范"项目，荣获省政府科技进步二等奖。

公司以市场为导向，把养殖户的劳动力和土地两个资源优势通过养殖獭兔转化为不愁销路的产品优势；把种植业为养殖业提供原料，养殖业又为种植业提供资金和物资保障的良性循环发展模式，通过龙头企业带动变为养殖户的主动选择；把细化社会分工，实现利润的合理分配，转化为农户专心抓养殖，企业根据市场组织生产的发展机制，这是公司不变的追求。公司的发展，主要注重了以下六个方面。

一是扎根农村，服务农民，企业盈利，群众受益。农村是一个巨大的资源宝库，每个农户都有可能成为一个生产车间。深刻理解企业和养殖户的依存关系，把保护养殖户的利益视为保护企业的利益，养殖户有钱赚，企业才有钱赚，恰当地追求利益分配，牢固树立企业生存的基础是广大养殖户观念。为了解决农户的后顾之忧，在公司购种饲养，企业与农户签订饲养协议，无偿提供技术指导，养兔资料，保护价回收商品兔，在全县建有技术服务网点和产品销售点为养殖户服务。农户饲养 1 只商品獭兔在养殖环节每只可获纯利 15 元左右，饲养一组獭兔（1 公 5 母）每年可获纯利 2 000 元左右，一个家庭，在不影响主要工作的情况下，可以饲养 2 ~ 3 组獭兔，很多养殖户成功的事实，真切地打动了无数农户。

二是龙头企业 + 兔业合作社 + 农户是企业一直追求的发展模式。公司一头连着市场，一头连着农户，把千家万户的农民组织起来，引导农户进入市场，按市场需求生产。目前，已发展养殖基地 13 个，成立兔业合作社 3 个，紧密联结了全县 5 830 户养殖户。企业与合作社搞交易，合作社按企业的要求和标准组织生产，同时代表农户与企业谈判，建立起这样一种依存和制约关系，企业节约了组织资源，农户争得了更大的经济效益。企业则是在规模中求效益，引导居民养成了消费习惯，带动了消费需求，逐步形成了卖方市场，产品不够卖。实践证明，养 100 只兔要自己去找市场；养 100 万只兔，市场就找上门来了。

三是强化管理，优化机制，规避风险。企业完全按现代企业制度建立，股份制运作，实行成本管理。企业各部门实行分级核算，目标考核，绩效挂钩，员工多劳多得。同时，企业不断地开发新产品，增加科技含量，开展兔产品精深加工，延伸产业链。公司每年从利润中留出10%作为风险基金，平抑市场波动对养殖户和企业带来的风险，渡过同类企业不能渡过的难关，难关过后又是新一轮的强势发展。养殖户的利益得到了很好的保护。

四是做好各种项目，尝试先行投入，帮助弱势农户。积极协助政府，做好发展项目。2002年，某镇实施种草养獭兔项目，镇政府第1次交给业主实施，公司也是第1次承接发展项目，精心策划，周密组织，积极跟进，建立种兔档案，商品兔出栏记录，技术服务登记认可，制定獭兔饲养操作规程，农户投入产出记录，项目获得巨大成功，省扶贫开发杂志以成功案例介绍推广，省畜牧食品局领导高度肯定，为该县争取獭兔项目支持立下了汗马功劳。其后，在全县相继实施了扶持残疾人养兔和科技项目养兔，都取得了成功，在实现政府发展目标的同时，企业取得了长足的发展。企业在积极发展的同时，还对有能力养兔但无本钱投入的农户赊垫种兔和养殖饲料，农户交售产品时逐步扣收本钱。企业每年扶持3~5户特困户或残疾人，无偿为他们提供种兔、笼具和饲料，并回收产品。企业现正在探索进一步扩大缺钱农户、弱智农户的养兔致富道路。

五是注重质量，保证信誉，加强合作，促进发展。企业的前途，企业的生命力最终落脚在产品的质量，不注重质量的企业是自寻短见。2005年獭兔产品市场疲软，是劣质产品价位低，优质产品的价位仍然保持在较高水平，这是市场的必然选择。把质量要求变成广大养殖户的自觉习惯，优质才有高价。在经营中做到不欺行霸市、压级压价，不炒作、不坑农，群众养得放心，卖得高兴。公司现在与省外9家养兔饲料厂家形成了合同供货关系，与省外11家兔皮商和服装厂建立了固定的供货关系。单打独斗经不起风吹浪打，联合舰队才能乘风破浪。

六是增大企业科技含量，树立依靠科技进步，促进企业发展理念。改善饲养方法，追求科学管理，不断总结新的实用技术。经常派员到四川高校、科研单位和浙江、河北、河南等地的兔场学习考察，增进技术交流，掌握先进技术，举办技术培训，提供实习场所。增大科技投入，建成四川省獭兔专家大院，建立数字查询企业网络和内部管理，硬件投入逐步加大，不断追求企业效益的科技贡献率。

案例二　遂宁市某兔业公司

公司创业人对养殖的兴趣来源于他平时经常看农业养殖的书籍和报道。2002年外出考察，发现在四川只能卖2元1张的獭兔生兔皮，在河北保定可以卖到8～10元。回来后，在废弃的某镇政府场地，进行改造，开始饲养獭兔，引进新西兰兔、齐兴兔等獭兔品种50余只，主要作为养兔技术的摸索。经过两年的饲养，积累了丰富的养殖经验。随着某镇大力发展特色养殖战略目标的实施，在某村二社承包 200 亩地，开始了獭兔养殖，在养殖过程中出现了很多问题，管理、技术、资金跟不上，并且看到很多同行，比自己有实力，养殖也出现了亏损，有的甚至放弃养兔。他再次到省内外学习考察，发现原来 1 张优质的獭兔皮在某镇只卖 25 元/张，而在河北竟卖到 45 元/张，这种皮肉兼用兔，更能抵御市场风险，对獭兔养殖充满了希望。2004 年，建立了占地 200 余亩的某獭兔养殖基地。正准备大干一场的时候，发现自己的资金、人力、物力周转不动。发动普通农户养殖獭兔，采用"寄养制"的经营方式：把兔子以一定的条件赊给农户养，免费做技术服务，等兔子养大后再回购。解决了人力，分摊了资金成本，还带动农户养殖致富。

随着规模的扩大和资本的积累，2005 年成立了遂宁市某兔业公司。该公司是一家集养殖、收购、销售、种养殖技术推广、饲养技术研究与兔病防治为一体的，以科技创新和现代化产业经营理念带动农户致富的民营企业，獭兔养殖实现了养殖规模化、生产标准化、组织合作化、环境生态化、资源利用循环化、产业化经营的现代兔业发展模式。公司经过 10 余年的发展壮大，总投资已超过 1 600 万，固定资产 1 200 多万元，养殖基地先后修建四个养殖区，现有笼位 3 万个，年生产能力达 15 万多只，活兔存栏数已达 50 000 多只，仅 2013 年共出栏 12 万多只，年收益 100 多万元。除养兔基地外，还有家庭农场 1 个，兔业农民专业合作社 46 个，养兔专业农户 400 多户，带动 10 多万农民养兔致富。该公司取得成功主要得益于：

①始终遵循"诚信为本"的理念，坚持以"诚信、务实、创新、高效"的企业精神，把农户利益放在首位，与农户签订《獭兔保护价收购协议》，严格履行合同条款，保证收购，兑现服务承诺，构建企业与兔农利益合理分配机制，实现共同富裕的目标。

②创新发展机制，提高农民养兔积极性。探索"公司＋基地（合作社）＋农户"、"公司＋家庭农场"、"公司＋金融机构＋政府＋专家＋……"等模式。公司实现"六统一"，即统一建兔舍、统一供种、统一饲料、统一技术培训、统一回收、统一销售的经营模式，让养殖户养得放心。充分调动参与者的积极性，共同受益。

③循环利用，提高养殖综合效益。走"果—草—兔—沼"循环农业发展模式，不仅解决了兔粪尿对环境的污染问题，而且为优质果蔬生产提供了优质有机肥料，还为养兔提供了优质饲草，为农户提供了清洁能源。经济社会生态效益显著。

主要参考文献

[1] 庞有志. 为长毛兔和獭兔品种论不平——兼评家兔品种与品系的分类 [J]. 中国养兔, 2011, 4: 30 – 34.

[2] 陈赛娟. 不同被毛密度獭兔的皮肤组织的差异表达基因筛选和 CCNA2 基因的多态性检测及其与被毛密度的相关性研究 [D]. 河北农业大学, 2011.

[3] J-L. Vrillon, R-G. Thebault, 杨杰, 译. Orylag 獭兔皮 [J]. 中国养兔杂志, 2001, 2: 35.

[4] 范成强, 余志菊, 刘汉中, 等. 白色獭兔 R 新品系的选育研究 [J]. 四川草原, 2003, 3: 21 – 29.

[5] 周立波, 任文陟, 张嘉保, 等. 维生素 C-獭兔、日本大耳白兔与新西兰白兔血液蛋白多态性研究 [J]. 动物医学进展, 2004, 25 (3): 102 – 105.

[6] 薛帮群, 陈菊娥, 赵淑娟, 等. 洛阳八点黑獭兔选育及产业化研究进展 [J]. 中国养兔, 2011, 3: 35 – 36.

[7] 徐汉涛. 金星獭兔及其种质特性——向您推荐我国培育的良种獭兔 [J]. 中国农村科技, 2004, 8: 33.

[8] 沈培军. 彩色獭兔的良种选育与繁育技术 [J]. 科学种养, 2008, 2: 35 – 36.

[9] 陈娥英. 兔肉营养价值的评定 [J]. 福建畜牧兽医,

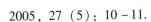

2005，27（5）：10 - 11.

［10］杨佳，杨佳艺，王国栋，等．兔肉营养特点与人体健康［J］．食品工业科技，2012，33（2）：422 - 426.

［11］秦应和，李福昌，余志菊，等．欧洲三国兔业考察报告［J］．草业与畜牧，2010，11：56 - 6 0.

［12］秦应和．欧洲獭兔规模化生产的主要经验及其启示［J］．农业知识，2011，3：8 - 9.

［13］秦应和．国外兔业发展状况与发展趋势［J］．中国养兔，2011，1：4 - 7.

［14］闫英凯．从养殖模式看我国兔产业的发展方向［J］．中国养兔，2011，1：17 - 21.

［15］现代畜牧业课题组．国外建设现代畜牧业的基本做法及我国现代畜牧业的模式设计［J］．中国畜牧杂志，2006，42（20）：24 - 28.

［16］赵辉玲．法国养兔业考察报告［J］．安徽农业科学，2002，30（3）：316 - 138.

［17］谷子林，陈宝江，刘亚娟，等．工厂化养殖条件下家兔饲料营养供给［J］．饲料工业，2014，35（5）：1 - 6.

［18］杨其长．中国设施农业的现状与发展趋势［J］．农业机械，2002，1：36 - 37.

［19］肖延光、郝占忠、魏雅茹，等．分子生物学技术在临床兽医学上的研究与应用［J］．山东畜牧兽医，2014，35（3）：82 - 83.

［20］李永东．浅议兽医病理诊断技术在动物疾病诊断中的作用［J］．农业与技术，2014，4：167 - 169.

[21] 陈博、雷雪飞，凌志甫．家兔脏器生化药物的研究现状 [J]．中国医药导报，2009，6（6）：6－8.

[22] 陈红霞，王毅，朱慧敏，等．浅谈兔产品加工现状与发展 [J]．肉类研究，2012，26（8）：48－51.

[23] 国家畜禽资源委员会组．中国畜禽遗传资源志 特种畜禽志 [M] 北京：中国农业出版社，2012.2.

[24] 李福昌．兔生产学 [M]．北京：中国农业出版社，2009.

[25] 谷子林，任克良．中国家兔产业化 [M]．北京：金盾出版社，2010.

[26] 谷子林，薛家宾．现代养兔实用百科全书 [M]．北京：中国农业出版社，2007.

[27] 黄邓萍，等．规模化养兔新技术 [M]．成都：四川科学技术出版社，2003.

[28] 王丽哲．兔产品加工新技术 [M]．北京：中国农业出版社，2002.

[29] 赵怀信．中国兔肉菜谱 [M]．长沙：湖南科学技术出版社，2006.

[30] 庞本，初安庭，马秀芹．实用养兔技术图说 [M]．郑州：河南科学技术出版社，2008.

[31] 吴杰，兔肉美味 30 种 [M]．北京：金盾出版社，2008.

[32] 向前．兔产品实用加工技术 [M]．北京：金盾出版社，2009.

[33] 张丽萍，李开雄．畜禽副产物综合利用技术 [M]．北

京：中国轻工业出版社，2009.

[34] 王卫，兔肉制品加工及保鲜贮运关键技术［M］. 成都：四川科学技术出版社，2011.

[35] 刘汉中. 獭兔日程管理及应急技巧［M］. 北京：中国农业出版社，2011.

[36] 范成强，文斌，范康，等. 獭兔高效养殖与初加工［M］. 成都：四川天地出版社，2008.

[37] 王云峰. 家兔常见病诊断图谱［M］. 北京：中国农业出版社，2007.

[38] 赵立红. 兔病诊断图册［M］. 北京：中国农业出版社，1999.

[39] 蒋金书. 兔病学［M］. 北京：北京农业大学出版社，1991.

[40] 陶岳荣，等. 家兔良种引种指导［M］. 北京：金盾出版社，2003.

[41] 谷子林. 獭兔标准化生产技术［M］. 北京：金盾出版社，2008.